普通高等教育人工智能与机器人工程专业系列教材

机器人操作系统（ROS）及仿真应用

刘相权　张万杰　编著

U0280550

机 械 工 业 出 版 社

本书首先对 Ubuntu 20.04 的安装与使用、ROS 安装与系统架构、ROS 通信方式、ROS 实用工具进行了介绍，然后在仿真环境中对机器人建模与运动仿真、机器人建图与导航仿真应用、机器人平面视觉检测仿真应用、机器人三维视觉仿真实例等方面进行了详细介绍，最后通过一个完整的基于 ROS 的服务机器人的仿真应用实例，讲解如何实现地图创建、航点设置、路径规划、视觉检测、物品自动抓取的综合功能。

为了便于理解，书中列举了大量应用实例，所有实例均在 ROS 中调试通过，可以直接运行，且每个应用实例均给出相应的源代码。本书在编写时力求做到通俗易懂、图文并茂，针对应用型本科院校学生的特点，内容讲解在够用的基础上，突出实际应用，同时提供丰富的配套资源。

本书可作为普通高等院校机器人、机械、车辆等工科专业的教材，也可供广大从事机器人开发的工程技术人员参考。

本书配有教学课件和源程序代码，欢迎选用本书作教材的教师发邮件至 jinacmp@163.com 索取，或登录 www.cmpedu.com 注册下载。

图书在版编目（CIP）数据

机器人操作系统（ROS）及仿真应用/刘相权，张万杰编著. —北京：机械工业出版社，2022.7（2024.8 重印）
普通高等教育人工智能与机器人工程专业系列教材
ISBN 978-7-111-70971-8

Ⅰ.①机…　Ⅱ.①刘…　②张…　Ⅲ.①机器人-操作系统-程序设计-高等学校-教材　Ⅳ.①TP242

中国版本图书馆 CIP 数据核字（2022）第 099113 号

机械工业出版社（北京市百万庄大街 22 号　邮政编码 100037）
策划编辑：吉　玲　　　　　责任编辑：吉　玲
责任校对：樊钟英　贾立萍　封面设计：张　静
责任印制：单爱军
天津光之彩印刷有限公司印刷
2024 年 8 月第 1 版第 7 次印刷
184mm×260mm · 19 印张 · 483 千字
标准书号：ISBN 978-7-111-70971-8
定价：59.00 元

电话服务　　　　　　　　　网络服务
客服电话：010-88361066　　机 工 官 网：www.cmpbook.com
　　　　　010-88379833　　机 工 官 博：weibo.com/cmp1952
　　　　　010-68326294　　金 书 网：www.golden-book.com
封底无防伪标均为盗版　机工教育服务网：www.cmpedu.com

前　言

机器人操作系统（ROS）作为一种开源软件，集成了全球机器人领域顶尖科研机构的研究成果，成为世界上较先进、通用的机器人与人工智能科研和教育平台。其涵盖了建图与导航定位、物体识别、运动规划、多关节机械臂运动控制、机器学习等内容。国内机器人企业、无人驾驶企业都纷纷加入 ROS 阵营，众多企业在招募无人驾驶规划算法工程师、自主导航工程师、机器人感知算法工程师等岗位时，均要求"熟悉 ROS"或者"具备 ROS 开发经验者优先"。

教育部办公厅印发的《2019 年教育信息化和网络安全工作要点》指出："推动大数据、虚拟现实、人工智能等新技术在教育教学中的深入应用。"由此可见，国家高度重视虚拟现实在教学方式方法改革中的应用。本书针对机器人实践教学存在的设备成本高昂、学生操作机会不足、操作危险、创新能力培养困难等问题，提供了 ROS 在机器人教学中可以实现的仿真应用，以及相应的教学资源，以促进学生实践动手能力的提高，提升学生的职业竞争力。

本书主要面向应用型本科院校，编写内容力求由浅入深，循序渐进地介绍 ROS 的功能和操作步骤。本书内容涉及 Ubuntu 20.04 的安装与使用、ROS 安装与系列架构、ROS 通信方式、ROS 实用工具、机器人建模、机器人建图与导航、平面视觉检测、三维视觉检测、综合应用，每一个环节都结合了仿真应用实例，并给出源代码，便于读者学习；书中使用大量图片，让抽象的内容立体化、形象化，非常便于读者阅读和按步骤对照学习机器人操作系统。读者只需要拥有一台运行 Ubuntu 系统的计算机，具备 Linux 的基本知识，了解 C++ 的编程方法，即可使用本书。

编著者编著本书过程中，参阅了大量的相关教材和专著，也在网上查找学习了很多资料，在此向各位作者表示感谢！

由于编著者水平有限，书中不足、疏漏之处在所难免，恳请广大读者批评、指正。

编著者

目 录

第 1 章

Linux Ubuntu入门基础

1.1 Ubuntu 简介

机器人操作系统（Robot Operating System，ROS）是一个机器人软件平台，诞生于2007年，它包含一系列的软件库和工具用于构建机器人应用，目前已成为机器人领域的普遍标准。

ROS虽然被称为操作系统，但是真正底层的任务调度、编译、寻址等任务还是由 Linux 操作系统完成，即 ROS 是一个运行在 Linux 上的次级操作系统。Linux 操作系统有不同的发行版本，Ubuntu 20.04 LTS 是继 14.04、16.04、18.04 之后的第四个长期支持版本，将提供免费安装和维护更新至 2025 年 4 月。Ubuntu-ROS 组合已成为机器人编程的一个理想组合。

Ubuntu 是一个基于 Debian 架构，以桌面应用为主的 Linux 操作系统。由于 Linux Ubuntu 是开放源代码的自由软件，用户可以登录 Linux Ubuntu 的官方网址免费下载该软件的安装包。

1.2 安装 Ubuntu 20.04

安装 Ubuntu 有两种方式，一种是双系统安装；另一种是虚拟机安装。因在虚拟机里运行 Ubuntu 容易出现卡顿现象，本节只介绍双系统安装，即在现有的 Windows 10 系统下正确安装 Ubuntu 20.04 系统。

1.2.1 准备工具

安装 Ubuntu 20.04 系统需做以下工具的准备：

（1）带有 Windows 10 操作系统的笔记本计算机或台式计算机。

（2）大于4GB 容量的 U 盘。

（3）Linux Ubuntu 20.04 系统安装镜像。下载网址为：https://cn. ubuntu. com/desktop，选择 Ubuntu 20. 04. 1 LTS 进行下载。

（4）win32diskimager 软件。用来将镜像文件 ubuntu-20. 04. 1-desktop-amd64. iso 写入到U 盘，制作 Ubuntu 系统安装启动盘。下载网址为：https://sourceforge. net/projects/win32diskimager/。

2

1.2.2 制作 Ubuntu 系统安装启动 U 盘

制作 Ubuntu 系统安装启动 U 盘的步骤如下：

（1）安装 win32diskimager 软件。

（2）备份 U 盘内数据，再将 U 盘进行格式化处理，文件系统为 FAT32 格式，把格式化后的 U 盘插入到计算机 USB 接口。

（3）运行 win32diskimager 软件，弹出窗口，如图 1-1 所示，在设备下选择 U 盘对应的盘符［E:\］。

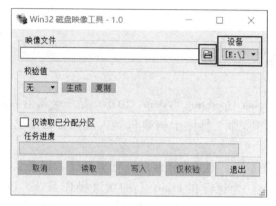

图 1-1　win32diskimager 软件启动窗口

（4）单击图 1-1 中映像文件下面靠右边的"文件打开"按钮，弹出对话框，如图 1-2 所示。首先将文件类型下拉框改为 *.*，然后选中 ubuntu-20.04.1-desktop-amd64.iso 文件，单击"打开"按钮，弹出窗口，如图 1-3 所示。

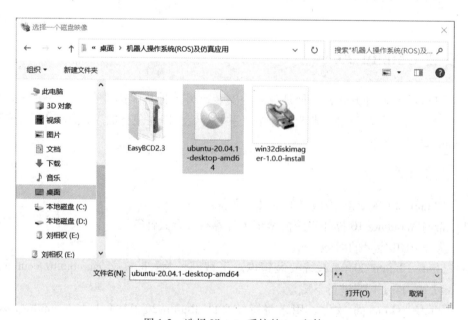

图 1-2　选择 Ubuntu 系统的 iso 文件

（5）单击图 1-3 中"写入"按钮，开始将镜像文件写入 U 盘。下面的任务进度条进展到 100%并弹出"完成"对话框就表明制作成功，可以用这个 U 盘安装 Ubuntu 20.04 系统了。

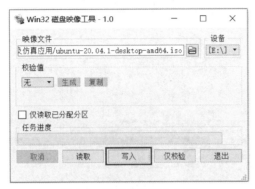

图 1-3　镜像文件写入 U 盘

1.2.3　在 Windows 10 操作系统下创建空白磁盘分区

步骤如下：

（1）用鼠标右键单击计算机桌面上的"此电脑"图标，弹出快捷菜单如图 1-4 所示，选择"管理"。

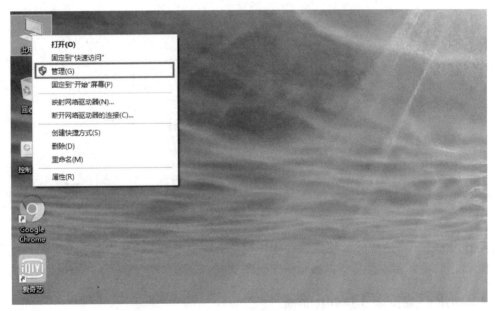

图 1-4　"此电脑"快捷菜单

（2）如图 1-5 所示，在弹出的"计算机管理"窗口中，选择"磁盘管理"，可以看出，在本台计算机上，只有一个磁盘 0。

（3）选择磁盘 0 上最后一个磁盘（E：），用鼠标右键单击该磁盘，在弹出的快捷菜单中选择"压缩卷"，如图 1-6 所示。

（4）在弹出的如图 1-7 所示的磁盘压缩界面中，在"输入压缩空间量"后面的编辑框

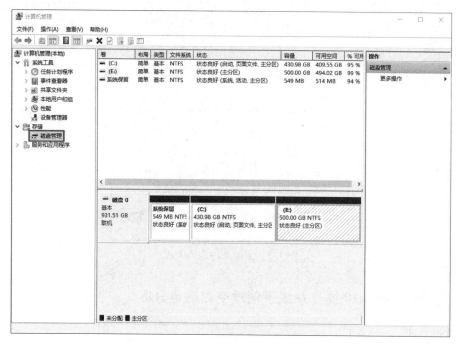

图 1-5 "计算机管理"窗口

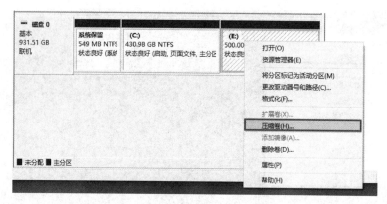

图 1-6 "磁盘（E:）"快捷菜单

中输入 102400，单击"压缩"按钮，等待片刻，会发现多出一块未分区磁盘，可用空间是 100GB，如图 1-8 所示。创建空白磁盘分区到此结束。

1.2.4 利用 U 盘安装 Ubuntu 系统

步骤如下：

（1）在计算机上插入启动 U 盘，重启计算机，在开机时进入 BIOS，设置第一启动为 USB，按<Enter>键确认，进入如图 1-9 所示安装起始欢迎界面。在界面左侧选择"中文（简体）"之后，单击右侧的"安装 Ubuntu"按钮。

（2）进入如图 1-10 所示"键盘布局"界面，在界面中默认已经选好了 Chinese，单击 "继续"按钮。

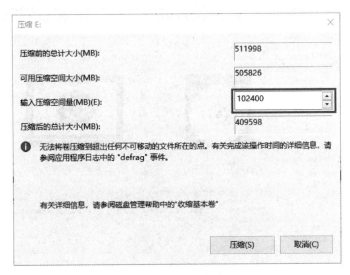

图 1-7　磁盘压缩界面

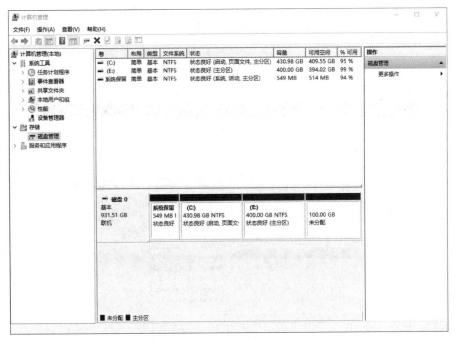

图 1-8　创建未分区磁盘

（3）进入如图 1-11 所示"更新和其他软件"界面，在界面中选择"正常安装"，其他选项选择"为图形或无线硬件，以及其他媒体格式安装第三方软件"，单击"继续"按钮。

（4）进入如图 1-12 所示的"安装类型"选择界面，在界面中单选"其他选项"，单击"继续"按钮。

（5）进入如图 1-13 所示的"安装类型"分区界面，在界面中选中"空闲107374MB"一行，即之前创建的空白分区。

（6）单击图 1-13"+"按钮，手动对空闲区域进行 4 个分区的创建。分区如下：

图 1-9　安装起始欢迎界面

图 1-10　"键盘布局"界面

① /boot：这个分区必不可少，是用于启动 Ubuntu 的目录，里面会有系统的引导建议，将其划分为 2048MB，设置如图 1-14a 所示。

图 1-11　"更新和其他软件"界面

图 1-12　"安装类型"选择界面

图 1-13　"安装类型"分区界面

图 1-14　"创建分区"对话框

②交换空间：这个分区是 Ubuntu 的交换区目录，大小一般为内存的 2 倍左右。在计算机内存不足的情况下，系统会调用这片区域来运行程序，建议将其划分为 10240MB，设置如图 1-14b 所示。

③/：这个分区是 Ubuntu 的根目录，相当于 Windows 操作系统的 C 盘，默认将 Ubuntu 软件装在这个目录下，如条件允许可以设置空间大一些。建议将其划分为 51200MB，设置如图 1-14c 所示。

④/home：这个分区是 Ubuntu 的个人目录，相当于 Windows 操作系统的其他盘，剩下的空间全部分配到这个分区，设置如图 1-14d 所示。

（7）在如图 1-15 所示的界面上，可以看到创建好的 4 个分区。设置界面下方的安装启动引导器的设备与/boot 分区前面的编号一致，此处选择"/dev/sda5"，然后单击"现在安装"按钮。

图 1-15　设置安装启动引导器设备

（8）弹出分区确认对话框，如图 1-16 所示，直接单击"继续"按钮。

（9）在如图 1-17 所示的设置地区界面上，选择"shanghai"，单击"继续"按钮。

（10）在如图 1-18 所示的设置系统用户界面上，自行设置登录名和密码，单击"继续"按钮。

（11）出现如图 1-19 所示的欢迎使用 Ubuntu 界面，系统开始安装。

（12）等待一段时间，弹出如图 1-20 所示"安装完成"对话框，拔掉 U 盘，单击"现在重启"按钮。

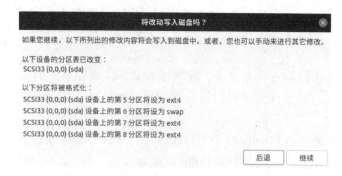

图 1-16　分区确认

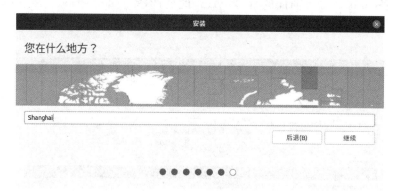

图 1-17　设置地区界面

图 1-18　设置系统用户界面

图 1-19　系统开始安装界面

图 1-20　"安装完成"对话框

（13）重启计算机后，中间会弹出如图 1-21 所示的系统选择界面，第一个选项就是进入 Ubuntu 系统，第三个就是进入 Windows 系统，说明在 Windows 10 下安装 Ubuntu 20.04 已经成功！默认选择是 Ubuntu 系统，直接进入如图 1-22 所示的 Ubuntu 系统登录界面，在登录界面输入密码，按<Enter>键，进入如图 1-23 所示的 Ubuntu 系统初始界面。

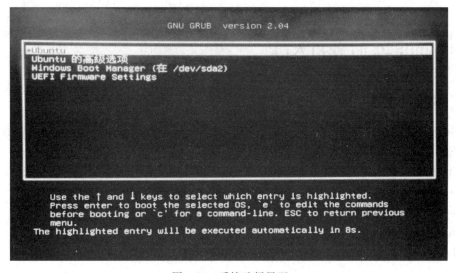

图 1-21　系统选择界面

图 1-22　系统登录界面

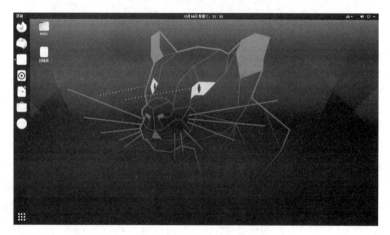

图 1-23　系统初始界面

1.3　Ubuntu 20.04 使用入门

1.3.1　截图快捷键

在不使用第三方工具的情况下，可以通过系统默认的键盘快捷键方法获取屏幕截图。

PrtSc：获取整个屏幕的截图并保存到图片目录。

Shift+PrtSc：获取屏幕的某个区域截图并保存到图片目录。

Alt+PrtSc：获取当前窗口的截图并保存到图片目录。

Ctrl+PrtSc：获取整个屏幕的截图并存放到剪贴板。

Shift+Ctrl+PrtSc：获取屏幕的某个区域截图并存放到剪贴板。

Ctrl+Alt+PrtSc：获取当前窗口的截图并存放到剪贴板。

1.3.2　Ubuntu 20.04 界面简介

启动 Ubuntu 20.04 后，初始屏幕界面如图 1-23 所示，与 Windows 10 操作系统有很大区别。屏幕中间区域为工作区域，默认有主文件夹 bistu 和回收站；屏幕左侧为收藏夹，默认图标按钮共有 7 个，从上至下分别是：Firefox 网络浏览器、Thunderbird 邮件/新闻、文件、Rhythmbox、LibreOffice Writer、Ubuntu Software、帮助；屏幕正上方显示当前日期和时间；屏幕右上角分别是：输入法、系统声音、注销/关机。

屏幕左下角为"显示应用程序"按钮，用鼠标左键单击后，在工作区域显示系统中已安装的应用程序，如图 1-24 所示。

图 1-24 显示应用程序

收藏夹中的 Firefox 网络浏览器是 Ubuntu 20.04 自带的浏览器，如图 1-25 所示，其用法与 Windows 操作系统下的浏览器使用并无区别。

图 1-25 Firefox 网络浏览器

Ubuntu 系统中的"文件"图标按钮和工作区域中的主文件夹 bistu 功能相同，类似于 Windows 操作系统中的 C：\ 用户文件夹，左侧是导航窗口，如图 1-26 所示。

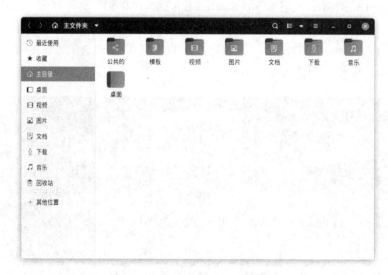

图 1-26 "主文件夹"默认界面

单击左侧导航窗口的"其他位置"，在右侧出现的界面中选择"计算机"，可以浏览 Ubuntu 的文件系统，如图 1-27 所示。

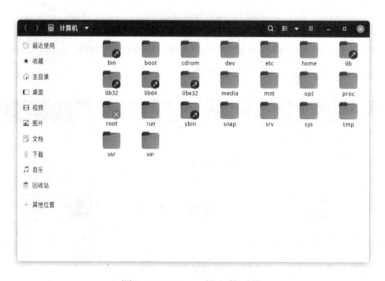

图 1-27 Ubuntu 的文件系统

其中：
- bin 文件夹用于存放二进制可执行文件；
- boot 文件夹包含系统启动时所使用的各种文件；
- dev 文件夹用于存放 Linux 操作系统设备文件；
- etc 文件夹用于存放系统配置文件；
- home 文件夹为存放用户文件的根目录；

- lib 文件夹用于存放类似 Windows 操作系统中的 . dll 文件的库文件；
- root 文件夹为超级的用户目录；
- sbin 文件夹用于存放二进制可执行文件，只有 root 才能访问；
- tmp 文件夹用于存放各种临时文件；
- usr 文件夹包含大部分程序文件，相当于 Windows 操作系统中的 C：\ Program 文件夹；
- var 文件夹用于存放运行时需要改变数据的文件。

用户可以将自己常用的应用软件放在收藏夹中。

1.3.3　命令行使用入门

在 Ubuntu 系统中，有两种工作模式，一种模式是图形化界面模式，Windows 操作系统就是典型的图形化界面的操作系统；另一种模式就是命令行模式，相当于磁盘操作系统（DOS）。默认启动是以图形化界面启动的，但要想发挥 Ubuntu 系统的工作优势，对命令的使用操作是必不可少的。

在图形化界面模式下，按快捷键<Ctrl+Alt+T>即可调出终端程序，如图 1-28 所示。

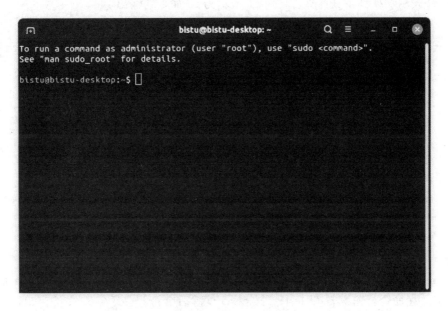

图 1-28　Ubuntu 终端程序

在命令行模式下，其相关的常用命令如下：

（1）clear：清空所有行，只保留提示符一行。

（2）mkdir：创建一个新的空文件夹，例如使用 mkdir test 命令在当前目录下创建一个名为 test 的空文件夹。

（3）ls：列出当前目录中的文件和文件夹。ls 的输出如图 1-29 所示，里面包含上一步创建的 test 文件夹。

（4）pwd：此命令显示当前工作目录的绝对路径。图 1-30 所示为 pwd 命令的输出。

（5）cd：此命令后面跟一个路径，用于切换当前用户所在的路径。

图 1-29　ls 命令

图 1-30　pwd 命令

例如，cd test 表示切换到 text 路径下；cd ../ 表示切换到上一层路径；cd / 表示切换到根目录；cd 表示切换到主文件夹。图 1-31 所示为 cd 命令的输出。

图 1-31　cd 命令

（6）gedit：是 Ubuntu 系统默认的文本编辑器。如图 1-32 所示，利用 cd test 命令打开 test 文件夹，在命令行输入 gedit test1，按<Enter>键后会打开一个空白文件窗口，不需要做任何修改直接保存并退出。此时在 test 文件夹下会生成 test1. txt 文件。

图 1-32　gedit 命令

（7）cp：把指定的一个文件复制到目标目录中并对其重命名。如图 1-33 所示，cp test1 test2 表示把当前 test 文件夹下的 test1. txt 复制到本文件夹下，并改名为 test2。

图 1-33　复制文件并重命名

（8）mv：把指定的一个文件移动到目标目录中并对其重命名。如图 1-34 所示，mv test2 /home/bistu/test2mv 表示把当前 test 文件夹下的 test1. txt 移动到/home/bistu/文件夹下，并改名为 test2mv。

图 1-34　移动文件并重命名

（9）rm：用于删除一个文件。如图 1-35 所示，rm test2mv 表示把当前/home/bistu/文件夹下的 test2mv. txt 删除；rm test1 表示把当前/home/bistu/test/文件夹下的 test1. txt 删除。

图 1-35　删除文件

（10）rmdir：用于删除一个空文件夹。如图 1-36 所示，rmdir test 表示把当前/home/bistu/文件夹下的 test 空文件夹删除。

（11）sudo：以管理员（root 用户）模式运行命令，是 Linux 操作系统下常用的允许普通用户使用超级用户权限的工具。在需要管理员（root 用户）操作的时候，在原来命令的前方加 sudo。

图 1-36　删除空文件夹

（12）apt-get：在 Ubuntu 系统中安装软件，可以安装来自 Ubuntu 库或本地系统中的软件包，这些软件包以 . deb 为扩展名。由于安装或删除软件需要管理员权限，所以在 apt-get 命令前需要使用 sudo。

在图 1-23 所示的 Ubuntu 20.04 界面中，右上角并没有显示 WiFi 信号标志，说明目前还无法通过 WiFi 上网。解决方法如下：

① 通过有线的方式让计算机连接网络，可以插网线或使用手机网络。在使用手机时，将手机与计算机通过数据线连接起来后，在手机上通过"设置"-"个人热点"-"USB 网络共享"，打开 USB 网络共享功能。

② 终端执行：sudo apt-get update，执行此命令可以更新 Ubuntu 库中的软件包。

③ 终端执行：sudo apt-get install bcmwl-kernel-source，执行此命令安装无线网卡驱动。

④ 执行成功后，需要把有线连接关闭，无线连接才能成功。等一会后就会出现正常的 WiFi 信号标志。

（13）sudo apt-get install tree：如图 1-37 所示，执行此命令就可以安装 tree 这个命令工具。Ubuntu 系统默认是没有 tree 命令的，需要安装。如图 1-38 所示，执行 tree 命令就可以看到，系统自动以树形列出当前目录的文件和文件夹。

图 1-37　切换到管理员模式进行安装

图 1-38　tree 命令

sudo apt-get remove tree：执行此命令可以删除已安装的 tree 软件包。

（14）reboot：用于重新启动计算机。

（15）powereoff：用于关闭计算机。

1.4　本章小结

　　本章内容是学习 ROS 的必备先修知识，首先对 Ubuntu 系统的安装方法进行了详细介绍；接着对 Ubuntu 系统两种工作模式进行了比较，命令行工作模式需要记忆很多命令，但对系统资源要求比较低，并且效率远远高于图形化界面模式；最后对命令行工作模式的常用命令进行了介绍。

第 **2** 章

ROS安装与系统架构

2.1 ROS 简介

机器人操作系统（Robot Operating System，ROS）是一个机器人软件平台，它能为异质计算机集群提供类似操作系统的功能。ROS 起源于斯坦福大学人工智能实验室的 STAIR 项目与机器人技术公司 Willow Garage 的个人机器人项目之间的合作，为了提高机器人研发中的软件复用率，由吴恩达教授指导的 Morgan Quigley 博士于 2007 年主导设计与实现了 ROS 的基本框架。到 2008 年，主要由 Willow Garage 继续开发维护，后于 2010 年正式发布。2013 年，Willow Garage 的创办者也是注资人为了全身心地投入到自己创办的公司，关闭了实验室。此后 ROS 的维护工作交给开源机器人基金会（Open Source Robotics Foundation，OSRF）接管。

ROS 提供一些标准操作系统服务，例如硬件抽象、底层设备控制、常用功能函数实现、进程间消息传递以及数据包管理。ROS 基于一种图状架构，从而不同节点的进程能接收、发布、聚合各种信息（例如传感、控制、状态、规划等）。目前，ROS 主要支持 Ubuntu。

ROS 可以分为两层，低层是上面描述的操作系统层，高层则是广大用户群贡献的实现不同功能的各种软件包，例如定位绘图、行动规划、感知、模拟等。

ROS（低层）使用伯克利软件发行许可证（BSD 许可证），全部是开源软件，并免费用于研究和商业用途。而高层的用户提供的包可以使用很多种不同的许可证。

ROS 具有如下特点：

（1）分布式结构。对于比较大的工程项目，由一个服务器负责总的任务调度，每个子功能需要由相应的程序来实现。一个程序进程在 ROS 中称为一个节点（node），每个功能节点是独立的，可以单独编译，节点之间形成点对点的通信，这种机制可以分散各子功能带来的实时计算压力，适合多机协同工作。

（2）多语言支持。功能节点的接口与编程语言无关，一个大的项目里可以有很多种语言，便于代码的移植。比如一个人脸识别的项目，摄像头打开的功能可以使用 Python 语言编写，而图像处理的功能可以用 C++语言编写，从而提高编程效率。

（3）集成度高，功能完备。ROS 集成了众多专业级的功能包，比如专门用于图像处理的 OpenCV，只需到官网上将相应的包下载到自己的计算机，调用相应的应用程序接口（API）就可以完成自己需要的功能。

（4）工具包丰富。包括物理仿真环境 Gazebo、3D 数据可视化工具 Rviz、数据记录工具 rosbag、TF 坐标变换等组件化工具包。

（5）免费、开源。ROS 提供了很多免费开源的软件包，方便程序开发。

2.2　ROS 安装与配置

步骤如下：

（1）确认计算机可以访问互联网。

（2）配置系统软件源。用鼠标左键单击屏幕左下角的"显示应用程序"按钮，在出现的界面中依次单击"设置"-"关于"-"SoftwareUpdates"，弹出"软件和更新"对话框，配置为允许 main、universe、restricted、multiverse 这 4 种软件源，如图 2-1 所示。安装完 Ubuntu 系统后这 4 项是默认允许的，但应检查确认。

图 2-1　"软件和更新"对话框

选择"下载自"下拉列表框中的"其他站点 ..."，弹出如图 2-2 所示的"选择下载服务器"对话框。

单击"选择最佳服务器"按钮，系统将对下载服务器进行测试，并选择一个最快的软件源，如图 2-3 所示，这里选中的是华为云，单击"选择服务器"按钮，选中华为云作为软件源。

图 2-2　"选择下载服务器"对话框

图 2-3　选择服务器

（3）官方步骤可参考：http://wiki. ros. org/noetic/Installation/Ubuntu，以下内容都是从官方步骤翻译过来。因为官方的步骤每隔一段时间会有所变动，如果按照下述步骤安装出现问题，请进入上面的链接网址，以官方的安装步骤为准。

（4）添加 ROS 软件源。按快捷键<Ctrl+Alt+T>调出终端程序，输入如下指令：

```
sudo sh-c'echo "deb http://packages. ros. org/ros/ubuntu $ (lsb_release-sc)main" >/etc/apt/sources. list. d/ros-latest. list'
```

（5）设置密钥。输入如下指令：

```
sudo apt-key adv--keyserver ' hkp://keyserver. ubuntu. com: 80 ' --recv-key C1CF6E31E6BADE8868B172B4F42ED6FBAB17C654
```

需要注意的是，这个 Key 是由 ROS 官网提供的，有可能会更新。如果出现安装问题，请前往如下网址的 1.3 获取最新的 Key。

http://wiki. ros. org/noetic/Installation/Ubuntu

（6）更新软件源信息，以确保第（4）步的软件源修改得以更新，输入如下指令：

```
sudo apt-get update
```

（7）在 Ubuntu 20. 04 系统中安装 ROS noetic，输入如下指令：

```
sudo apt install ros-noetic-desktop-full
```

ROS 的版本目前有 13 个，不同的版本运行在不同的 Linux 系统上。Linux Ubuntu 20. 04 系统对应的是 ROS 的 Noetic 版本。在安装过程中系统会到云服务器获取文件，网络掉线等原因很可能导致安装失败，此时要多尝试几次。

安装过程中如果有事需要关闭计算机，可以输入快捷键<Ctrl+C>暂停安装，然后正常关闭就可以。下一次继续安装的时候，按快捷键<Ctrl+Alt+T>调出终端程序后，重新输入安装命令 sudo apt install ros-noetic-desktop-full，然后按<Enter>键输入密码后，就可以继续安装了。

执行此命令将进行 ROS 桌面完整版的安装，包括 ROS 基础功能，机器人通用函数库，功能包（2D/3D 模拟器、2D/3D 感知功能、机器人地图建模、自主导航等），工具（rqt 工具箱、Rviz 可视化工具、Gazebo 仿真环境等）。

（8）进行 ROS 软件包地址设置，输入如下指令：

```
echo "source /opt/ros/noetic/setup. bash" >>~/. bashrc
source~/. bashrc
```

到此为止，ROS 安装已经接近尾声，在终端程序中输入 rosversion-d 指令，可以看到输出为 noetic，说明安装顺利完成！

2. 3 ROS 默认安装目录

ROS 的默认安装目录为文件/其他位置/计算机/opt/ros/noetic，如图 2-4 所示，打开会看到里面包含 5 个文件夹。

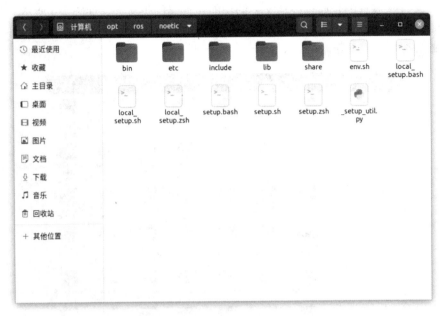

图 2-4　ROS 默认安装目录

1. bin 文件夹

bin 文件夹放置的是一些在终端可以执行的命令，如图 2-5 所示。

图 2-5　计算机/opt/ros/noetic/bin 文件夹

2. etc 文件夹

etc 文件夹主要存放 ros 和 catkin 配置文件。

3. include 文件夹

include 文件夹放置的是通过终端安装的功能包代码的头文件，如图 2-6 所示。某一具体的头文件属于某一具体的功能包，在创建自己的功能包的时候，如果需要依赖另外一个功能包，就必须包含另外那个功能包的头文件。

图 2-6　计算机/opt/ros/noetic/include 文件夹

4. lib 文件夹

lib 文件夹中放置的是通过终端安装的一些可执行功能包的程序，如图 2-7 所示，也就是这些功能包中的节点，运行这些节点就可以启动功能包里面相应的功能。

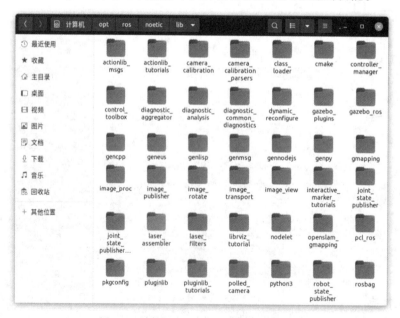

图 2-7　计算机/opt/ros/noetic/lib 文件夹

5. share 文件夹

share 文件夹放置的是一些通过终端安装的功能包的共享数据，如图 2-8 所示，包括 cmake 的配置文件、话题消息的具体格式、服务的接口信息等。

图 2-8 计算机/opt/ros/noetic/share 文件夹

2.4 ROS 架构

如图 2-9 所示，ROS 架构主要被设计和划分为 3 个部分，每一部分代表一个层级的概念：文件系统级（The filesystem level）、计算图级（The computation graph level）、开源社区级（The community level）。

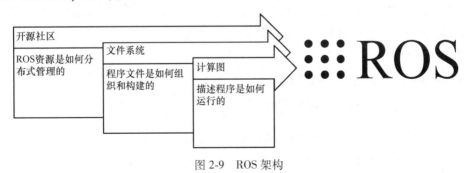

图 2-9 ROS 架构

2.4.1 ROS 文件系统级

ROS 文件系统级是典型的 ROS 工程源代码在硬盘上的组织形式。与其他操作系统类似，一个 ROS 程序的不同组件被放置在不同的文件夹下。这些文件夹是根据功能的不同来对文件进行组织的。一个典型的 ROS 工程文件组织形式如图 2-10 所示。

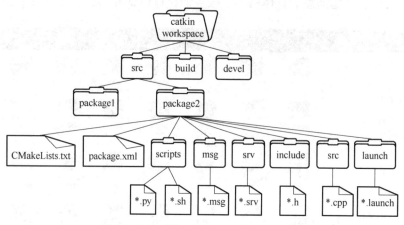

图 2-10 典型的 ROS 工程文件组织形式

从图 2-10 可以看出，catkin 工作空间是一个文件夹，在整个 ROS 工程中处于最顶层，用来组织和管理 ROS 工程项目文件。而 catkin 是 ROS 定制的编译构建系统，是对 CMake 的扩展，对 ROS 这样大体量的工程有更好的支持，同时简化了操作。可以使用 catkin_make 指令对其进行编译。

1. 查看当前使用工作空间

```
echo $ROS_PACKAGE_PATH
```

显示：/opt/ros/noetic/share。

2. 创建工作空间

```
mkdir-p~/catkin_ws/src          #在主文件夹下创建 catkin_ws/src 空文件夹
cd~/catkin_ws/src               #进入 src 文件夹
catkin_init_workspace           #初始化工作空间
```

这时在 src 文件夹（即主目录）下会生成一个 CMakeLists.txt 文件，此文件规定了工程的编译规则，此时一个结构上最简单的工作空间就创建好了。

3. 编译工作空间

```
cd~/catkin_ws/          #回到 catkin_ws 文件夹
catkin_make             #进行编译
```

备注：必须在工作空间文件夹（catkin_ws）运行 catkin_make，否则报错。

此时，在主文件夹/catkin_ws 文件夹下，可以看到，包含 build、devel 和 src 共 3 个文件夹，如图 2-11 所示。

在编译空间 build 文件夹中，CMake 和 catkin 为功能包和项目保存缓存信息、配置和其他中间文件。

开发空间 devel 文件夹用来保存编译后生成的目标文件，包括头文件、动态 & 静态链接

图 2-11　主文件夹/catkin_ws 文件夹

库、可执行文件等，这些是无需安装就能用来测试的程序。

　　在源文件空间 src 文件夹中放置功能包、项目、克隆包等。这个空间中最重要的是 CMakeList. txt。在工作空间中配置功能包时，src 文件夹 CMakeList. txt 调用 CMake。

4. 把工作空间添加到 ROS 环境变量

```
echo "source~/catkin_ws/devel/setup.bash" >>~/.bashrc
source~/.bashrc
```

　　在每次编译之后要使用 source~/catkin_ws/devel/setup. bash 指令刷新 devel 目录下的 set-up. bash 文件，将编译生成的文件手动刷新到系统环境中，否则调用生成的可执行文件时系统会找不到。

　　将"source~/catkin_ws/devel/setup. bash"指令加入 ~/. bashrc 文件中，这样每次打开终端时，~/. bashrc 文件会自动运行，而不必手动刷新环境。

5. 创建 ROS 功能包

```
cd~/catkin_ws/src
catkin_create_pkg test std_msgs rospy roscpp
```

　　使用 catkin_create_pkg 指令在 src 文件夹下创建一个名称为 test 的功能包，并且依赖于 std_msgs、rospy 和 roscpp。

6. 编译 ROS 功能包

```
cd~/catkin_ws/
catkin_make
```

　　功能包创建完成之后，test 文件夹中会产生 CMakeLists. txt 和 package. xml 两个文件，每个 package 中都必须包含这两个文件。在 test 文件夹（即子目录）中的 CMakeLists. txt 文件规定了功能包的编译规则；package. xml 为功能包清单文件，定义了功能包的属性信息，包括包名、版本号、作者、编译依赖和运行依赖等。

　　除了上述两个文件，package 中还包含如下文件夹：
- include 文件夹，用于存放头文件（ * . h ）。
- src 文件夹，用于存放源程序文件（ * . cpp 或其他编程语言格式）。

- scripts 文件夹，用于存放 Python 文件（∗.py）、Linux 操作系统下的 shell 文件（∗.sh）或其他的可执行脚本文件。
- launch 文件夹，用于存放 launch 文件（∗.launch）。launch 文件的作用是批量运行多个可执行文件。
- config 文件夹，用于存放配置文件（∗.yaml 或其他的标签类格式）。配置文件包含相关的参数配置，比如机器人的尺寸参数，关节坐标系的 tf 变换参数等。

功能包中还会存放自定义的非标准通信格式文件，包括消息（∗.msg）、服务（∗.srv）以及动作（∗.action），分别存放在 msg 文件夹、srv 文件夹和 action 文件夹中。

在编写 ROS 工程以及调试程序过程中，只有 src 目录是直接写代码的地方，src 目录中可以平行放置多个功能包。

综合功能包是只有一个 package.xml 文件的特定包，文件中注明了综合功能包所依赖的功能包。综合功能包用于引用其他功能特性类似的功能包。ROS 中常见的综合功能包有 ros_tutorials、navigation、moveit、image_pipeline、vision_opencv、turtlebot、pr2_robot 等。

如果定位 ros_tutorials 综合功能包，则可以使用下面的指令：

```
rosstack find ros_tutorials
```

显示路径为：/opt/ros/noetic/share/ros_tutorials。

2.4.2 ROS 计算图级

ROS 计算图级主要是指进程（节点）之间的通信。ROS 创建了一个连接所有进程的网络，通过这个网络，节点之间完成交互，获取其他节点发布的信息。如图 2-12 所示，在这一层级中最基本的概念包括节点、节点管理器、参数服务器、消息、服务、主题和消息记录包，这些概念都以不同的方式向计算图级提供数据。

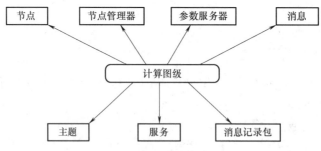

图 2-12　ROS 计算图级

在 ROS 中，最小的进程单元就是节点（node）。一个功能包里可以有多个可执行文件，可执行文件在运行之后就成了一个进程（process），这个进程在 ROS 中就称为节点。通常情况下，机器人的功能庞大，元器件很多，系统包含能够实现不同功能的多个节点。

节点管理器在整个网络通信架构中相当于管理中心，管理着各个节点。节点首先在节点管理器处进行注册，之后节点管理器会将该节点纳入整个 ROS 程序中。节点之间的通信也是先由节点管理器进行"牵线"，才能进行点对点通信。

在终端执行 roscore 指令便可以启动节点管理器，该指令是在运行所有 ROS 程序前要运行的命令。接下来在新的终端中使用 rosrun 指令运行节点。

命令格式：rosrun［package_name］［node_name］

当要启动的节点数目比较多时，可以使用 roslaunch 指令同时运行在同一个 launch file 里的节点。

命令格式：roslaunch［package_name］［launch_name］

roslaunch 在启动节点前会检测系统是否已经启动节点管理器，如果没有，它会自动开启节点管理器。

ROS 提供了主题（Topic）、服务（Service）、参数服务器（Parameter Service）和动作库（Actionlib）共 4 种通信方式，将在下一章详细讨论 ROS 的通信方式。

Turtlesim 是 ROS 自带的一个应用，是帮助新手入门的一个实例。可以用以下指令启动这个应用。

（1）在终端中运行以下指令，启动节点管理器。

```
roscore
```

（2）新的终端中运行以下指令，运行 turtlesim 功能包中的 turtlesim_node 节点，打开乌龟窗口。

```
rosrun turtlesim turtlesim_node
```

（3）新的终端中运行以下指令，运行 turtlesim 功能包中的 turtle_teleop_key 节点，打开乌龟控制窗口，可使用方向键控制乌龟运动。

```
rosrun turtlesim turtle_teleop_key
```

（4）选中控制窗口，按方向键，可看到乌龟窗口中小乌龟在运动。

（5）新打开一个终端，运行以下指令，可以看到 ROS 的图形化界面，展示节点的关系。

```
rosrun rqt_graph rqt_graph
```

从图 2-13 可以看出，已经启动的节点 turtle_teleop_key 和节点 turtlesim_node 之间通过一个名为 /turtle1/cmd_vel 的主题进行通信。节点 turtle_teleop_key 在一个主题上发布按键输入消息，而节点 turtlesim_node 则订阅该主题以接收该消息。

在上面的例子中运行的节点是 turtle_teleop_key 和 turtlesim_node。而在图 2-13 中出现 teleop_turtle 和 turtlesim 的原因是 ROS 在自带的应用实例中运行的节点名称与实际的节点名称不同。例如，节点 turtle_teleop_key 在源文件中设置为"ros::init（argc，argv，"teleop_turtle"）;"，节点 turtlesim_node 在源文件中设置为"ros::init（argc，argv，"turtlesim"）;"。

图 2-13　消息订阅图

2.4.3　ROS 开源社区级

开源社区级主要是指 ROS 资源的获取和分享。通过独立的网络社区，用户可以共享和获取知识、算法和代码。开源社区的大力支持使得 ROS 得以快速成长。这些资源包括：

（1）ROS distribution：它是一个特定版本的所有程序包的集合。

（2）ROS wiki：它是用于记录有关 ROS 信息的主要论坛。任何人都可以注册账户、贡献自己的文件、提供更正或更新、编写教程以及其他行为。

（3）ROS Answer：其上有关于 ROS 的一些提问和回答。

（4）ROS Repository：ROS 依赖于共享开源代码与软件库的网站或主机服务，在这里不同的机构能够发布和分享各自的机器人软件与程序。

2.4.4 常用包管理指令

1. rospack

查找某个 pkg 的地址。

rospack find［package_name］

2. roscd

跳转到某个 pkg 下。

roscd［package_name］

3. rosls

列举某个 pkg 下的文件信息。

rosls［package_name］

4. rosed

编辑 pkg 的文件。

rosed［package_name］［file_name］

5. catkin_create_pkg

创建一个 pkg。

catkin_creat_pkg［pkg_name］［deps］

6. rosdep

安装某个功能包所需的依赖。

rosdep install［package_name］

2.5 Visual Studio Code 安装与配置

在 Linux Ubuntu 中开发 ROS 程序有比较多的集成开发环境（Integrated Development Environment，IDE），官网推荐可以参考：http://wiki. ros. org/IDEs。其中 Visual Studio Code 是微软公司开发的一款跨平台开源编辑器，具有免费、开源、配置简单、插件丰富和便于代码调试等优点，得到越来越广泛的应用。Visual Studio Code 安装与配置步骤如下。

（1）下载安装文件。下载地址：https://code. visualstudio. com/Download。如图 2-14 所示，下载".deb"格式的安装文件，Firefox 网络浏览器下载的文件默认放在"下载"文件夹里。

（2）将下载好的".deb"安装文件从"下载"文件夹剪切到"主文件夹"目录。

（3）打开终端，进入已下载的".deb"安装文件的目录，如图 2-15 所示，输入如下指令：

```
sudo dpkg-i code_xxxx_amd64.deb
```

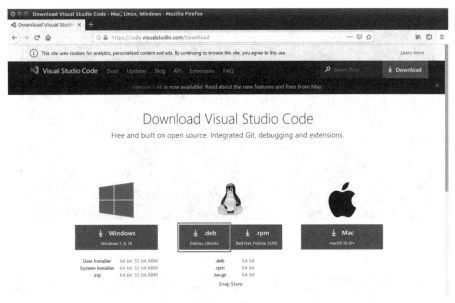

图 2-14 Visual Studio Code 软件下载网页

图 2-15 安装 Visual Studio Code 指令

指令中的"xxxx"替换为实际下载的版本号，也可以先输入"sudo dpkg-i code_"，然后按<Tab>键，让命令行自动补齐后面的文件名。

（4）按<Enter>键后，如图 2-16 所示，会提示输入管理员密码。

图 2-16 输入管理员密码

在输入密码的时候，终端并不会显示输入的字符，所以按顺序敲击键盘即可，不要看到终端程序没有显示字符以为没有输入成功。密码输入完毕后，按<Enter>键确认，开始安装。

（5）安装完毕后，如图 2-17 所示，直接在终端程序里输入"code"按<Enter>键，就能启动 Visual Studio Code。启动后的初始界面如图 2-18 所示。

Visual Studio Code 启动后，会在 Ubuntu 桌面左侧的任务栏里显示图标。为了下次启动方便，可以用鼠标右键单击任务栏里的 Visual Studio Code 图标，在弹出的菜单里选择"添

图 2-17　启动 Visual Studio Code

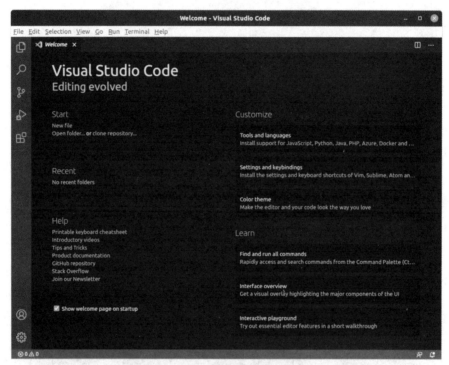

图 2-18　Visual Studio Code 初始界面

加到收藏夹"，这样 Visual Studio Code 图标就会常驻在收藏夹里，即使程序退出也不会消失，下次需要启动时直接在收藏夹里单击该图标即可。

（6）在 ROS 程序开发中，常常会需要编辑 CMake 的编译规则，所以需要 Visual Studio Code 支持相关的语法格式，因此需要安装 CMake 的相关插件。单击 Visual Studio Code 左侧的"扩展插件"图标进入插件页面，如图 2-19 所示。

（7）在插件页面上方的搜索框中输入"cmake"，会显示一系列和 CMake 相关的插件，注意这些插件右下角会有一个蓝色矩形，里面显示"install"字样，说明该插件未安装，可以通过单击这个蓝色矩形"install"来进行安装。这里需要安装的是第一项"CMake"，如

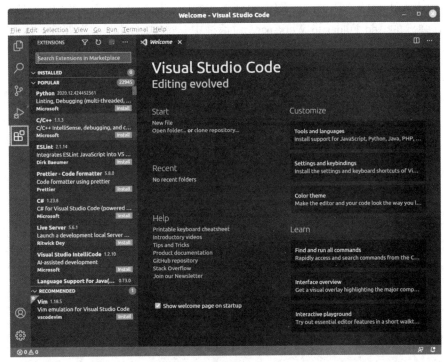

图 2-19　Visual Studio Code 扩展插件

图 2-20 所示，单击其右下角的蓝色矩形"install"来进行安装。安装完成后，原来其右下角的蓝色矩形"install"会变成一个齿轮图标。

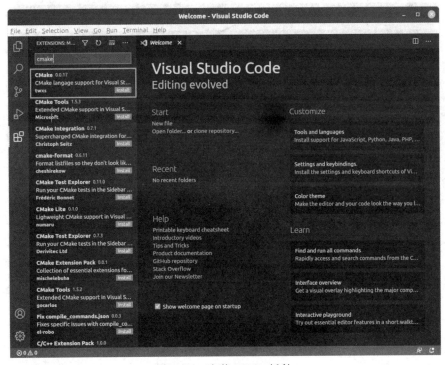

图 2-20　安装 CMake 插件

图 2-20 彩图

（8）单击左上角的"Explore"图标回到工作空间，选择"File"-"Add Folder to Work-space"，在弹出的 Add Folder to Workspace 对话框中，选中 catkin_ws 文件夹，然后用鼠标左键单击对话框右上角的"Add"按钮，如图 2-21 所示。

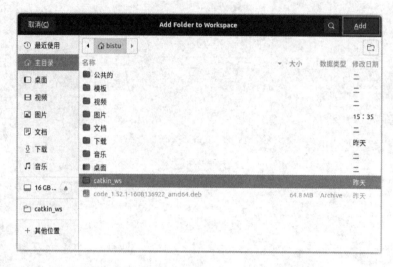

图 2-21　Add Folder to Workspace 对话框

（9）在 Visual Studio Code 软件左侧的文件导航中找到一个 CMakeList. txt 文件，如果文件内容里出现了蓝色和绿色标注的文字，说明插件安装成功，如图 2-22 所示。

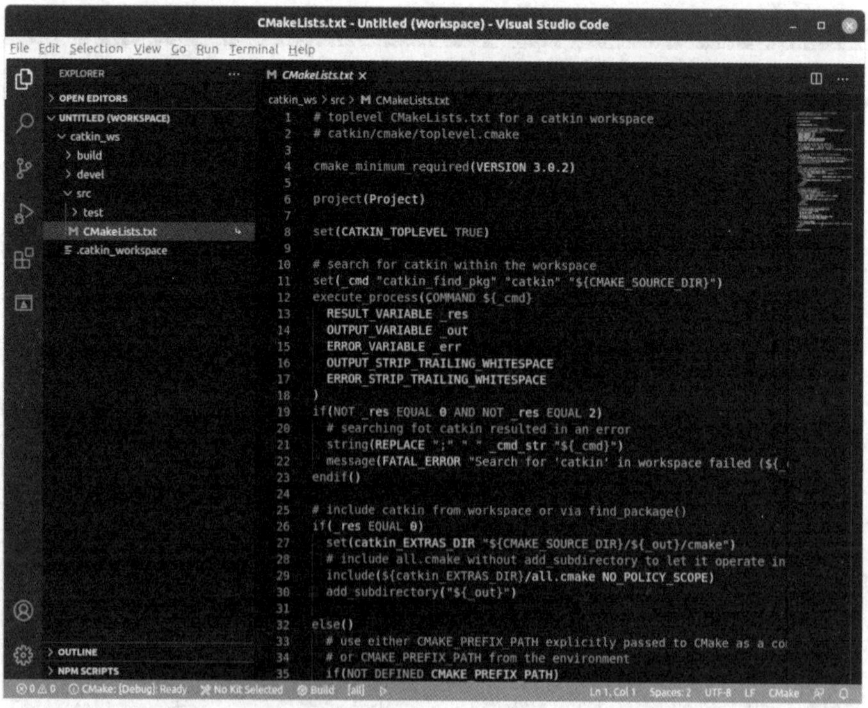

图 2-22 彩图

图 2-22　CMake 插件安装成功界面

2.6　Visual Studio Code 卸载

与卸载相关命令如下：

（1）使用命令 whereis code 可以查看安装位置。

（2）使用命令 sudo apt-get remove code 可以卸载 Visual Studio Code 软件，但保留配置。

（3）使用命令 sudo apt-get--purge remove code 可以彻底清除 Visual Studio Code 软件，包括配置。

2.7　本章小结

本章首先对 ROS 的历史、特点进行了简介，接着对 ROS 的安装方法进行了详细介绍，然后对 ROS 架构的 3 个层级分别进行了详细说明，还介绍了常用包管理指令。最后，介绍了 ROS 常用的集成开发环境 Visual Studio Code 安装和配置方法。

第 3 章

ROS通信方式

ROS 的通信方式是 ROS 最核心的概念，ROS 的精髓就在于它提供的通信机制。ROS 的通信方式包括以下 4 种：Topic（主题）、Service（服务）、Actionlib（动作库）、Parameter Service（参数服务器）。4 种通信方式的特点及应用场景（见表 3-1）。

表 3-1　ROS 的 4 种通信方式比较

通信方式 类别	Topic （主题）	Service （服务）	Actionlib （动作库）	Parameter Service （参数服务器）
通信机制	Publisher /Subscriber	Server /client	Action-server /Action-client	指令查询
消息 文件格式	*.msg	*.srv	*.action	*.yaml
传输特点	单向消息 发送/接收	双向消息 请求/响应	双向消息 目标/结果/反馈	节点中使用的参数可以 从外部进行修改
同步/异步	异步	同步	异步	异步
使用场景	实时性、周期性 的消息，比如收发 传感器数据，收发 控制指令	临时而非周期性 的消息，需要时才 发送请求和处理， 比如机器人的运动 学正反解	Service 服务的升 级版，用于长时间 的、有反馈进度的、 可中途终止的任务， 比如视觉处理	配置文件中预设参 数数值，比如视觉传 感器的安装高度、 角度

3.1　主题

3.1.1　概述

Topic（主题）是 ROS 最通用的通信方式，对于实时性、周期性的消息，使用 Topic 来传输是最佳的选择。在 ROS 中，一个节点就是 ROS 程序包中的一个可执行文件，可以发送或接收消息。两个节点之间要进行通信，就需要建立一个 Topic。两个节点之间是通过 Publisher-Subscriber 机制进行通信的，其中发布消息的节点称为发布者（Topic-Publisher），而接收消息的节点称为订阅者（Topic-Subscriber）。对于同一个 Topic，可以有多个发布消息的节点，也可以有多个订阅消息的节点。

工作时，Topic-Publisher 节点和 Topic-Subscriber 节点都要到节点管理器进行注册，Topic-Publisher 只管通过 Topic 发送消息，不管有没有其他节点接收。而 Topic-Subscriber 在节点管理器的指挥下会订阅该 Topic，只要检测到 Topic 有消息发布，就接收该 Topic 的消息。Topic 是一种节点对节点的单向异步通信方式。

3.1.2　发布器编程实例：小乌龟速度控制

对机器人的速度控制是通过向机器人的核心节点发送速度消息来实现的，这个消息的类型在 ROS 里已经有了定义，就是 geometry_msgs::Twist。如图 3-1 所示，这个消息类型包含了两部分速度值，第一部分是 linear，表示机器人在 x、y、z 3 个方向上的平移速度，单位是"米/秒"；第二部分是 angular，表示机器人绕 x、y、z 3 个坐标轴的旋转速度值，旋转方向的定义遵循右手定则，数值单位为"弧度/秒"。

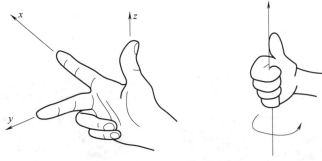

图 3-1　机器人 3 轴坐标系

了解了速度消息的类型，还需要知道这个速度消息应该发送到哪个主题。对于 ROS 自带的小乌龟来说，速度控制主题为"/turtle1/cmd_vel"。只需要向这个主题发送类型为 geometry_msgs::Twist 的消息包，即可实现对小乌龟速度的控制。

（1）需要新建一个 ROS 功能包。在 Ubuntu 里打开一个终端程序，输入如下指令进入 ROS 工作空间。

```
cd catkin_ws/src/
```

按 <Enter> 键之后，即可进入 ROS 工作空间，然后输入如下指令新建一个 ROS 功能包。

```
catkin_create_pkg turtle_vel_ctrl_pkg roscpp geometry_msgs
```

这条指令的具体含义（见表 3-2）。

表 3-2　catkin_create_pkg 指令含义

指令	含义
catkin_create_pkg	创建 ROS 源码包（package）的指令
turtle_vel_pkg	新建的 ROS 源码包命名
roscpp	C++语言依赖项，本例程使用 C++语言编写，所以需要这个依赖项
geometry_msgs	包含小乌龟移动速度消息包格式文件的包名称

按<Enter>键后，可以看到如图 3-2 所示信息，表示新的功能包创建成功。

图 3-2　创建功能包

打开 Visual Studio Code，可以看到工作空间里多了一个 turtle_vel_ctrl_pkg 文件夹，如图 3-3 所示，在其 src 子文件夹上单击鼠标右键，选择 New File 新建一个代码文件。

新建的代码文件命名为 turtle_vel_ctrl_node. cpp，如图 3-4 所示。

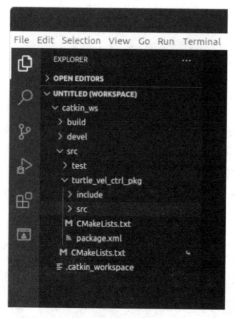

图 3-3　新建代码文件

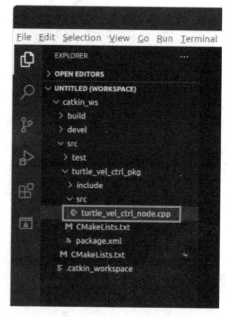

图 3-4　命名代码文件

命名完毕后，在 Visual Studio Code 界面的右侧开始编写 turtle_vel_ctrl_node. cpp 的代码。其内容如下：

```
#include <ros/ros.h>
#include <geometry_msgs/Twist.h>


int main(int argc,char * * argv)
{
```

```
ros::init(argc,argv,"turtle_vel_ctrl_node");
ros::NodeHandle n;
ros::Publisher vel_pub=n.advertise<geometry_msgs::Twist>("/
turtle1/cmd_vel",20);
while(ros::ok())
    {
        geometry_msgs::Twist vel_cmd;
        vel_cmd.linear.x=0.1;
        vel_cmd.linear.y=0;
        vel_cmd.linear.z=0;
        vel_cmd.angular.x=0;
        vel_cmd.angular.y=0;
        vel_cmd.angular.z=0;
        vel_pub.publish(vel_cmd);
        ros::spinOnce();
    }
    return 0;
}
```

1）代码的开始部分，先 include 了两个头文件，一个是 ROS 的系统头文件；另一个是运动速度结构体类型 geometry_msgs::Twist 的定义文件。

2）ROS 节点的主体函数是 int main（int argc，char＊＊argv），其参数定义和其他 C++ 语言程序一样。

3）main（）函数里，首先调用 ros::init（argc，argv，"turtle_vel_ctrl_node"），进行该节点的初始化操作，函数的第三个参数是节点名称。

4）声明一个 ros::NodeHandle 对象 n，并用 n 生成一个广播对象 vel_pub，调用的参数里指明了 vel_pub 将会在主题 "/turtle1/cmd_vel" 里广播 geometry_msgs::Twist 类型的数据。

对小乌龟的速度控制就是通过这个广播形式实现的。在 ROS 里有很多约定俗成的习惯，比如激光雷达数据发布主题通常是 "/scan"，坐标系变换关系的发布主题通常是 "/tf"，所以这里的小乌龟速度控制主题 "/turtle1/cmd_vel" 也是这样一个约定俗成的情况。

5）为了连续不断地发送速度，使用一个 while（ros::ok（））循环，以 ros::ok（）返回值作为循环结束条件，可以让循环在程序关闭时正常退出。

6）为了发送速度值，声明一个 geometry_msgs::Twist 类型的对象 vel_cmd，并将速度值赋值到这个对象里。其中：

① vel_cmd.linear.x 是机器人前后平移运动速度，正值往前，负值往后，单位是 "m/s"。

② vel_cmd.linear.y 是机器人左右平移运动速度，正值往左，负值往右，单位是 "m/s"。

③ vel_cmd.angular.z（注意 angular）是机器人自转速度，正值左转，负值右转，单位是 "rad/s"。

④ 其他值对启智 ROS 机器人来说没有意义，所以都赋值为零。

7）vel_cmd 赋值完毕后，使用广播对象 vel_pub 将其发布到主题 "/turtle1/cmd_vel"。

小乌龟的核心节点会从这个主题接收发过去的速度值，并转发到仿真环境去执行。

8）调用 ros::spinOnce() 函数给其他回调函数得以执行（本例程未使用回调函数）。

9）程序编写完后，代码并未马上保存到文件里，此时会看到界面右上编辑区的文件名 turtle_vel_ctrl_node. cpp 右侧有一个白色小圆点，标示此文件并未保存。

按下快捷键<Ctrl+S>保存代码文件，界面右上编辑区的文件名 turtle_vel_ctrl_node. cpp 右侧的白色小圆点变为白色关闭按钮，如图 3-5 所示，文件保存成功。

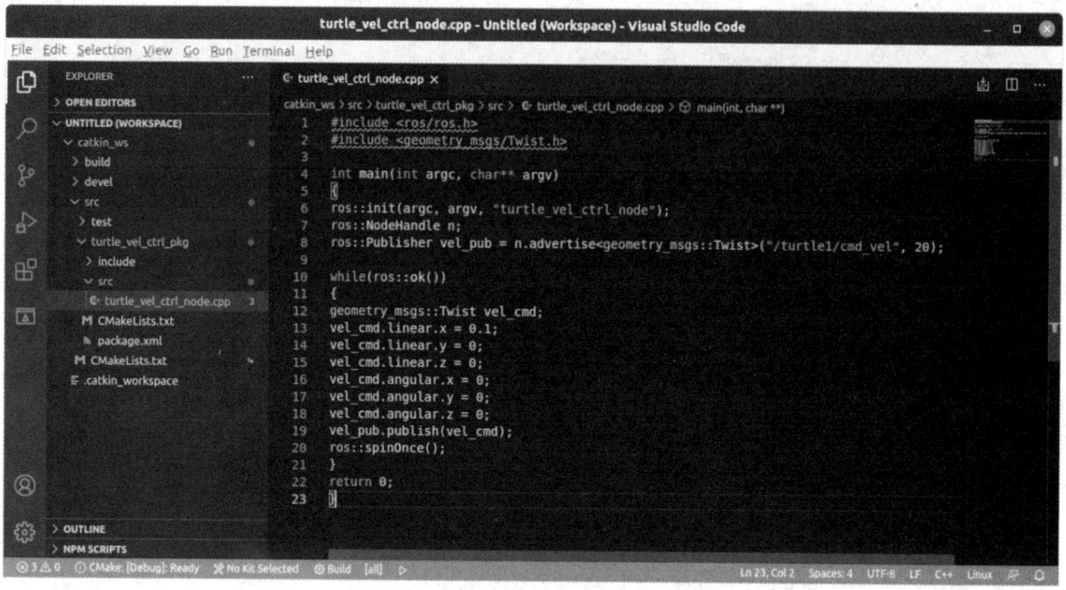

图 3-5　源文件代码

（2）代码编写完毕，需要将文件名添加到编译文件里才能进行编译。编译文件在 turtle_vel_ctrl_pkg 的目录下，文件名为 CMakeLists. txt，在 IDE 界面左侧单击该文件，右侧会显示文件内容。如图 3-6 所示，在 CMakeLists. txt 文件末尾，为 turtle_vel_ctrl_node. cpp 添加新的编译规则。内容如下：

```
add_executable(turtle_vel_ctrl_node src/turtle_vel_ctrl_node. cpp)
add_dependencies(turtle_vel_ctrl_node ${${PROJECT_NAME}_EXPORTED_TARGETS}
    ${catkin_EXPORTED_TARGETS})
target_link_libraries(turtle_vel_ctrl_node ${catkin_LIBRARIES})
```

同样，修改完需要按下快捷键<Ctrl+S>进行保存，代码上方的文件名右侧的小白点会变为"x"，说明保存文件成功。下面开始进行代码文件的编译操作，启动一个终端程序，输入如下指令进入 ROS 的工作空间。

```
cd
cd catkin_ws/
```

如图 3-7 所示，然后执行如下指令开始编译。

图 3-6　添加编译规则

```
catkin_make
```

图 3-7　代码文件编译

执行这条指令之后，会出现滚动的编译信息，直到出现"［100％］Built target turtle_vel_ctrl_node"信息，说明新的 turtle_vel_ctrl_node 节点已经编译成功，如图 3-8 所示。

（3）如图 3-9 所示，在终端中运行以下指令，启动节点管理器。

```
cd
roscore
```

从 Ubuntu 桌面左侧的收藏夹中用鼠标右键单击"终端"图标，在弹出的菜单中选择"新建窗口"，启动第二个终端程序（也可以通过同时按下快捷键<Ctrl+Alt+T>来启动）。在终端程序中运行以下指令，运行 turtlesim 功能包中的 turtlesim_node 节点，打开乌龟窗口。

图 3-8   编译完成界面

图 3-9   启动节点管理器

```
rosrun turtlesim turtlesim_node
```

从 Ubuntu 桌面左侧的收藏夹中用鼠标右键单击"终端"图标，在弹出的菜单中选择
"新建窗口"，启动第三个终端程序（也可以通过同时按下快捷键<Ctrl+Alt+T>来启动）。在
终端程序中输入以下指令：

```
rosrun turtle_vel_ctrl_pkg turtle_vel_ctrl_node
```

按<Enter>键后，如图 3-10 所示，可以看到机器人以 0.1m/s 的速度缓慢向前移动。

（4）尝试在代码里给 vel_cmd.linear.x 赋值一个负数，编译运行，查看机器人的移动状
况。使用同样的方法，再对 vel_cmd.linear.y 和 vel_cmd.angular.z 进行类似的实验，看看有
什么不一样。

（5）如果让小乌龟走圆形轨迹，可以对速度进行如下设置。编译运行，机器人的移动
状况如图 3-11 所示。

```
vel_cmd.linear.x=2;
vel_cmd.linear.y=0;
vel_cmd.linear.z=0;
vel_cmd.angular.x=0;
vel_cmd.angular.y=0;
vel_cmd.angular.z=1.8;
```

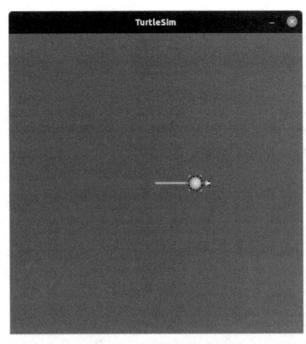

图 3-10 小乌龟向前移动

如果让小乌龟走矩形轨迹，源代码如下。编译运行，机器人的移动状况如图 3-12 所示。

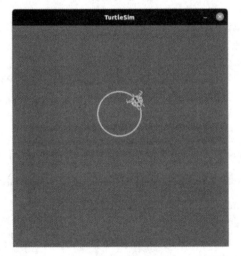

图 3-11 圆形轨迹

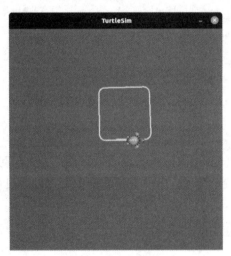

图 3-12 矩形轨迹

```cpp
#include <ros/ros.h>
#include <geometry_msgs/Twist.h>
int main(int argc,char ** argv)
{
ros::init(argc,argv,"turtle_vel_ctrl_node");
ros::NodeHandle n;
```

```
ros::Publisher vel_pub=n.advertise<geometry_msgs::Twist>("/tur-
tle1/cmd_vel",20);
    ros::Rate loopRate(2);          //与 Rate::sleep()配合指定自循环频率
    int count=0;
    while(ros::ok())
    {
        geometry_msgs::Twist vel_cmd;
        vel_cmd.linear.x =1;
        vel_cmd.linear.y =0;
        vel_cmd.linear.z =0;
        vel_cmd.angular.x=0;
        vel_cmd.angular.y=0;
        vel_cmd.angular.z=0;
        count++;
        while(count==5)
        {
            count=0;
            vel_cmd.angular.z=3.1415926;
        }
        vel_pub.publish(vel_cmd);
        ros::spinOnce();
        loopRate.sleep();               //按 loopRate(2)设置的 2Hz 将程序挂起
    }
    return 0;
}
```

（6）可以通过指令查看 ROS 的节点网络状况。从 Ubuntu 桌面左侧的启动栏里单击"终端"图标，启动终端程序（也可以通过同时按下快捷键<Ctrl+Alt+T>来启动）。输入以下指令：

```
rqt_graph
```

按下<Enter>键，便会弹出一个窗口，如图 3-13 所示，显示当前 ROS 里的节点网络情况。

可以看到，编写的 turtle_vel_ctrl_node 节点通过主题"/turtle1/cmd_vel"向小乌龟的核心节点 turtlesim 发送速度消息包。turtlesim 节点获得速度消息后，将其发送到小乌龟的仿真环境，控制小乌龟运动。

3.1.3　订阅器编程实例：小乌龟速度接收

编程步骤如下：

（1）打开 Visual Studio Code，如图 3-14 所示，在 turtle_vel_ctrl_pkg 文件夹下的 src 子文

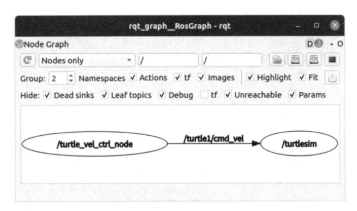

图 3-13　节点网络情况

件夹上单击鼠标右键，选择 New File 新建一个代码文件。

新建的代码文件命名为 turtle_vel_rece_node. cpp，如图 3-15 所示。

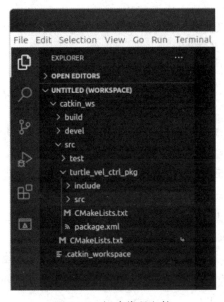

图 3-14　新建代码文件

图 3-15　命名代码文件

命名完毕后，在 Visual Studio Code 界面的右侧可以开始编写 turtle_vel_rece_node. cpp 的代码。其内容如下：

```cpp
#include <ros/ros.h>
#include <geometry_msgs/Twist.h>

void callback(const geometry_msgs::Twist& cmd_vel)
{
    ROS_INFO("Received a /cmd_vel message!");
    ROS_INFO("Linear Velocity:[%f,%f,%f]",
```

```
        cmd_vel.linear.x,cmd_vel.linear.y,cmd_vel.linear.z);
    ROS_INFO("Angular Velocity:[%f,%f,%f]",
        cmd_vel.angular.x,cmd_vel.angular.y,cmd_vel.angular.z);
}


int main(int argc,char** argv)
{
    ros::init(argc,argv,"turtle_vel_rece_node");
    ros::NodeHandle n;
    ros::Subscriber sub=n.subscribe("/turtle1/cmd_vel",1000,call-
back);
    ros::spin();
    return 1;
}
```

1）代码的开始部分，先 include 了两个头文件，一个是 ROS 的系统头文件；另一个是运动速度结构体类型 geometry_msgs::Twist 的定义文件。

2）定义一个回调函数 void callback()，用来处理小乌龟运动速度数据。ROS 每接收到一帧小乌龟运动速度数据，就会自动调用一次回调函数。小乌龟运动速度数据会以参数的形式传递到这个回调函数里。

3）ROS 节点的主体函数是 int main（int argc，char** argv），其参数定义和其他 C++ 语言程序一样。

4）main()函数里，首先调用 ros::init（argc，argv，"turtle_vel_rece_node"），进行该节点的初始化操作，函数的第三个参数是节点名称。

5）接下来定义一个 ros::NodeHandle 节点句柄 n，并使用这个句柄向小乌龟核心节点订阅 "/turtle1/cmd_vel" 主题的数据，回调函数设置为之前定义的 callback()。

6）执行 ros::spin()函数后，调用回调函数 callback()处理数据。通过订阅主题所接收到的消息并不是立刻就被回调函数处理，而是必须要等到 ros::spin()或 ros::spinOnce()执行的时候回调函数才被调用。两者之间的区别在于：

ros::spin()调用回调函数后不会再返回主程序，也就是主程序到这儿就不往下执行了，一旦接收到数据就调用回调函数。ros::spin()函数用起来比较简单，一般都在主程序的最后，加入该语句就可。

而 ros::spinOnce()只调用一次回调函数，在调用回调函数后还可以继续执行之后的程序，如果还想再调用回调函数，就需要加上循环。ros::spinOnce()的用法相对来说很灵活，但往往需要考虑调用消息的时机、调用频率，以及消息池的大小，这些都要根据现实情况协调好，不然会造成数据丢包或者延迟的错误。

7）程序编写完后，代码并未马上保存到文件里，此时会看到界面右上编辑区的文件名 turtle_vel_rece_node.cpp 右侧有一个白色小圆点，标示此文件并未保存。

按下快捷键<Ctrl+S>保存代码文件，界面右上编辑区的文件名 turtle_vel_rece_node.cpp 右侧的白色小圆点变为白色关闭按钮，如图 3-16 所示，文件保存成功。

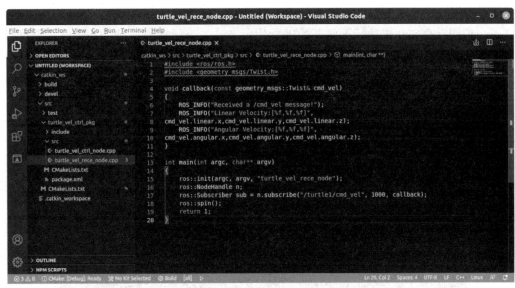

图 3-16　源文件代码

（2）代码编写完毕，需要将文件名添加到编译文件里才能进行编译。编译文件在 turtle_vel_ctrl_pkg 的目录下，文件名为 CMakeLists. txt，在 IDE 界面左侧单击该文件，右侧会显示文件内容。如图 3-17 所示，在 CMakeLists. txt 文件末尾，为 turtle_vel_rece_node. cpp 添加新的编译规则。内容如下：

```
add_executable(turtle_vel_rece_node src/turtle_vel_rece_node.cpp)
add_dependencies(turtle_vel_rece_node ${${PROJECT_NAME}_EXPORTED_TARGETS}
${catkin_EXPORTED_TARGETS})
target_link_libraries(turtle_vel_rece_node ${catkin_LIBRARIES})
```

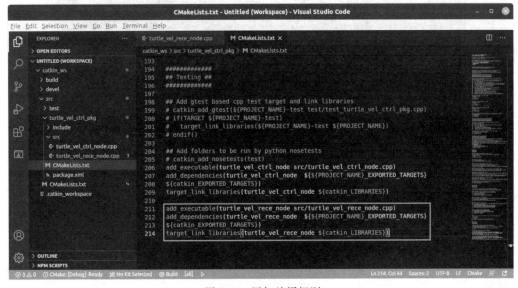

图 3-17　添加编译规则

同样，修改完需要按下快捷键<Ctrl+S>进行保存，代码上方的文件名右侧的小白点会变为"x"，说明保存文件成功。下面开始进行代码文件的编译操作，启动一个终端程序，输入如下指令进入 ROS 的工作空间。

```
cd
cd catkin_ws/
```

如图 3-18 所示，然后执行如下指令开始编译。

```
catkin_make
```

图 3-18　代码文件编译

执行这条指令之后，会出现滚动的编译信息，直到出现"［100%］Built target turtle_vel_rece_node"信息，说明新的 turtle_vel_rece_node 节点已经编译成功，如图 3-19 所示。

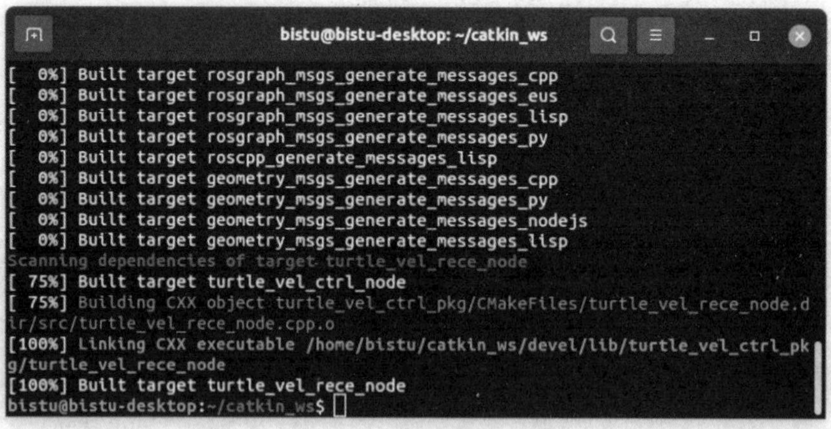

图 3-19　编译完成界面

（3）如图 3-20 所示，在终端中运行以下指令，启动节点管理器。

```
cd
roscore
```

从 Ubuntu 桌面左侧的收藏夹中用鼠标右键单击"终端"图标，在弹出的菜单中选择"新建窗口"，启动第二个终端程序（也可以通过同时按下快捷键<Ctrl+Alt+T>来启动）。在

图 3-20 启动节点管理器

终端中运行以下指令，运行 turtlesim 功能包中的 turtlesim_node 节点，打开乌龟窗口。

```
rosrun turtlesim turtlesim_node
```

从 Ubuntu 桌面左侧的收藏夹中用鼠标右键单击"终端"图标，在弹出的菜单中选择"新建窗口"，启动第三个终端程序（也可以通过同时按下快捷键<Ctrl+Alt+T>来启动）。在终端中输入以下指令：

```
rosrun turtle_vel_ctrl_pkg turtle_vel_rece_node
```

按<Enter>键后，如图 3-21 所示，由于 turtle_vel_ctrl_node 节点尚未启动运行，turtle_vel_rece_node 节点处于等待接收速度状态。

图 3-21 等待接收速度界面

从 Ubuntu 桌面左侧的收藏夹中用鼠标右键单击"终端"图标，在弹出的菜单中选择"新建窗口"，启动第 4 个终端程序（也可以通过同时按下快捷键<Ctrl+Alt+T>来启动）。在终端中输入以下指令：

```
rosrun turtle_vel_ctrl_pkg turtle_vel_ctrl_node
```

按下<Enter>键后，小乌龟以 0.1m/s 的速度缓慢向前移动。同时可以看到在第 3 个终端程序中显示从主题"/turtle1/cmd_vel"接收到的小乌龟的运行速度，如图 3-22 所示。

（4）从 Ubuntu 桌面左侧的启动栏里单击"终端"图标，启动第 5 个终端程序（也可以通过同时按下快捷键<Ctrl+Alt+T>来启动）。输入以下指令：

```
rqt_graph
```

按下<Enter>键，便会弹出一个窗口，如图 3-23 所示，显示当前 ROS 里的节点网络情况。

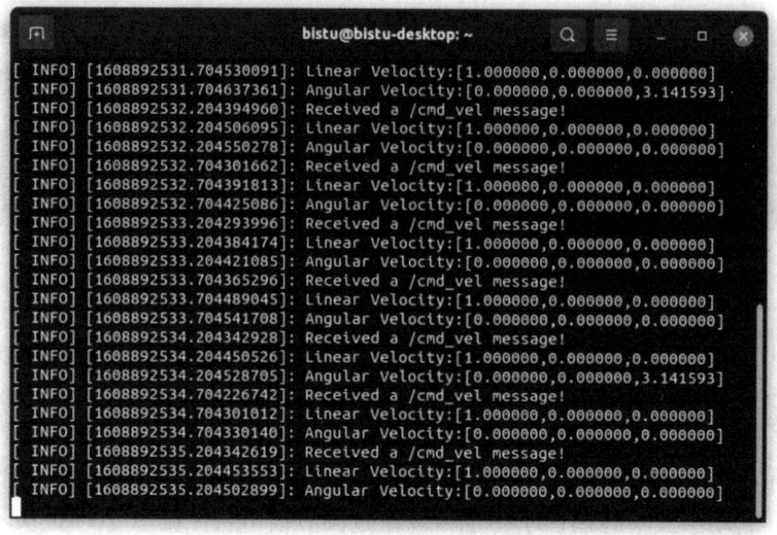

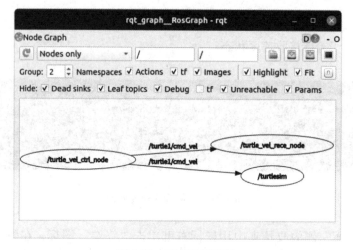

图 3-22　显示运行速度界面

图 3-23　节点网络情况

可以看到，编写的 turtle_vel_ctrl_node 节点通过主题"/turtle1/cmd_vel"同时向 turtlesim 节点和 turtle_vel_rece_node 节点发送速度消息包。turtlesim 节点获得速度消息后，将其发送到小乌龟的仿真环境，控制小乌龟运动，turtle_vel_rece_node 节点获得速度消息后，将其显示在终端程序。

3.2　服务

3.2.1　概述

与 Topic（主题）不同，Service（服务）通信是双向的，它不仅可以发送消息，还会有反馈。一个服务（Service）被分成服务端（Server）和客户端（Client），分别对应着节点 A

和节点 B，两个都要到主节点管理器进行注册。在主节点管理器的管理下，节点 B（客户端）向节点 A（服务端）发送请求，节点 A（服务端）响应该请求，实现节点之间的双向通信。当服务的请求和响应完成时，两个连接的节点将被断开，是一种一次性的同步通信方式。

在请求机器人执行特定操作时，或者根据特定条件需要产生响应事件时，通常使用 Service（服务）。需要注意的是，服务端的响应要尽可能的快，因为客户端在没有得到反馈之前是处于停止状态的，直到它收到反馈信息才开始重新运作。所以如果一个 Service（服务）需要较长的时间去处理大量的数据才能得出结果，这时应该选择 Actionlib（动作库）这种通信方式。

3.2.2　自定义 srv 消息文件编程实例

编程步骤如下：

（1）需要新建一个 ROS 功能包。在 Ubuntu 里打开一个终端程序，输入如下指令进入 ROS 工作空间。

```
cd catkin_ws/src/
```

按下<Enter>键之后，即可进入 ROS 工作空间，然后输入如下指令新建一个 ROS 功能包。

```
catkin_create_pkg service_client_pkg roscpp std_msgs
```

这条指令的具体含义（见表 3-3）。

表 3-3　catkin_create_pkg 指令含义

指令	含义
catkin_create_pkg	创建 ROS 源码包（package）的指令
service_client_pkg	新建的 ROS 源码包命名
roscpp	C++语言依赖项，本例程使用 C++语言编写，所以需要这个依赖项
std_msgs	标准消息依赖项，需要里面的 String 格式做文字输出

按下<Enter>键后，可以看到如图 3-24 所示信息，表示新的功能包创建成功。

图 3-24　创建功能包

（2）在 service_client_pkg 文件夹中创建一个名为 srv 的文件夹，如图 3-25 所示。

```
cd  service_client_pkg
mkdir srv
```

图 3-25　创建子文件夹

（3）打开 Visual Studio Code，可以看到工作空间里多了一个 service_client_pkg 文件夹，如图 3-26 所示。在其 srv 子文件夹上单击鼠标右键，选择 New File 新建一个服务文件。

新建的服务文件命名为 ServiceClientExMsg.srv，如图 3-27 所示。

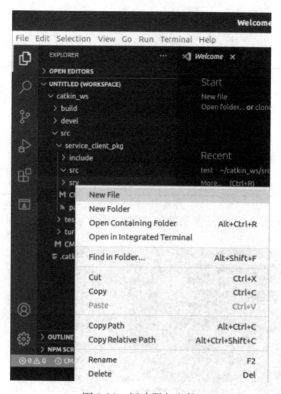

图 3-26　新建服务文件

图 3-27　命名服务文件

命名完毕后，在 Visual Studio Code 界面的右侧可以开始编写 ServiceClientExMsg.srv 的代码。其内容如下：

```
string name
---
bool in_class
bool boy
int32 age
string personality
```

该代码中定义了服务数据，包含请求和响应两个数据区域，中间用---隔开，---的上方是请求数据区域的变量，---的下方是响应数据区域的变量。

程序编写完后，代码并未马上保存到文件里，此时会看到界面右上编辑区的文件名 ServiceClientExMsg.srv 右侧有一个白色小圆点，标示此文件并未保存。按下快捷键<Ctrl+S>保存代码文件，界面右上编辑区的文件名 ServiceClientExMsg.srv 右侧的白色小圆点变为白色关闭按钮，文件保存成功。

（4）代码编写完毕，在 Visual Studio Code 中打开 service_client_pkg 文件夹下的 package.xml，添加如下语句，如图 3-28 所示。

```
<build_depend>message_generation</build_depend>
<exec_depend>message_runtime</exec_depend>
```

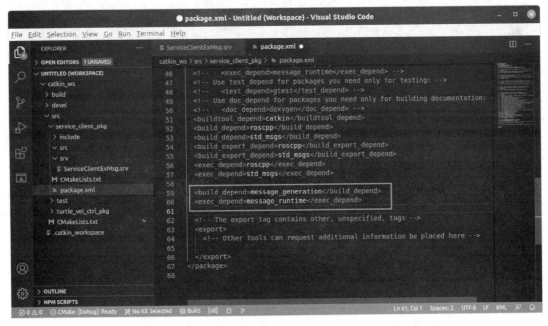

图 3-28　添加依赖配置

（5）在 Visual Studio Code 中打开 service_client_pkg 文件夹下的 CMakeLists.txt，对其中的部分内容进行修改。

53

1）将如下语句去掉注释。

```
#find_package(catkin REQUIRED COMPONENTS
    #roscpp
    #std_msgs
#)
```

修改为：

```
find_package(catkin REQUIRED COMPONENTS
    roscpp
    rospy
    message_generation
    std_msgs
    std_srvs
)
```

2）将如下语句去掉注释。

```
#add_service_files(
    #FILES
    #Service1.srv
    #Service2.srv
#)
```

修改为：

```
add_service_files(
    FILES
    ServiceClientExMsg.srv
)
```

3）将如下语句去掉注释。

```
# generate_messages(
#   DEPENDENCIES
#   std_msgs
# )
```

修改为：

```
generate_messages(
    DEPENDENCIES
    std_msgs
)
```

4）将如下语句去掉注释。

```
catkin_package(
    #INCLUDE_DIRS include
    #LIBRARIES service_client_pkg
    #CATKIN_DEPENDS roscpp std_msgs
    #DEPENDS system_lib
    #CATKIN_DEPENDS message_runtime
)
```

修改为：

```
catkin_package(
    INCLUDE_DIRS include
    LIBRARIES service_client_pkg
    CATKIN_DEPENDS roscpp std_msgs
    DEPENDS system_lib
    CATKIN_DEPENDS message_runtime
)
```

同样，修改完需要按下快捷键<Ctrl+S>进行保存。需要注意的是，find_package（…）、add_service_files（…）、generate_message（…）、catkin_package（…）这几项的先后顺序不能发生变化。至此，就完成了对CMakeLists.txt文件的重新配置，因此需要对工作空间重新编译。

（6）下面开始进行代码文件的编译操作，启动一个终端程序，输入如下指令进入ROS的工作空间。

```
cd
cd catkin_ws/
catkin_make
```

执行这条指令之后，会出现滚动的编译信息，直到出现"［100%］Built target service_client_pkg_generate_messages"信息，说明已经编译成功，如图3-29所示。

编译完成后，自动在~/catkin_ws/devel/include/service_client_pkg文件夹下生成Service-ClientExMsg.h头文件。此外还生成了两个头文件，分别是ServiceClientExMsgRequest.h和ServiceClientExMsgResponse.h，这两个头文件其实都包含在ServiceClientExMsg.h中，所以之后调用的时候只需要添加ServiceClientExMsg.h头文件即可，如：

```
#include <service_client_pkg/ServiceClientExMsg.h>
```

3.2.3 服务端编程实例

编程步骤如下：

（1）打开Visual Studio Code，如图3-30所示，在service_client_pkg文件夹下的src子文

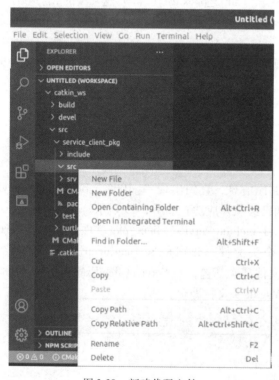

图 3-29　编译完成界面

件夹上单击鼠标右键，选择 New File 新建一个代码文件。

新建的代码文件命名为 service_example_node.cpp，如图 3-31 所示。

图 3-30　新建代码文件　　　　　　　　　图 3-31　命名代码文件

命名完毕后，在 Visual Studio Code 界面的右侧开始编写 service_example_node.cpp 的代

码。其内容如下：

```cpp
#include <ros/ros.h>
#include <service_client_pkg/ServiceClientExMsg.h>
#include <iostream>
#include <string>
using namespace std;

bool infoinquiry(service_client_pkg::ServiceClientExMsgRequest&
request,service_client_pkg::ServiceClientExMsgResponse& response)
{
ROS_INFO("callback activated");
string input_name(request.name);
response.in_class=false;

        if(input_name.compare("Tom")==0)
        {
            ROS_INFO("Student infomation about Tom");
            response.in_class=true;
            response.boy=true;
            response.age=20;
            response.personality="outgoing";
        }
    if(input_name.compare("Mary")==0)
        {
            ROS_INFO("Student infomation about Mary");
            response.in_class=true;
            response.boy=false;
            response.age=21;
            response.personality="introverted";
        }
        return true;
    }

int main(int argc,char **argv)
{

        ros::init(argc,argv,"service_example_node");
        ros::NodeHandle n;
```

```
          ros::ServiceServer service=n.advertiseService("info_inquiry_
byname",infoinquiry);
      ROS_INFO("Ready to inquiry names. ");
          ros::spin();
          return 0;
    }
```

1）回调函数 bool infoinquiry（）是真正实现服务功能的部分。其定义中 request 是一个 service_client_pkg::ServiceClientExMsgRequest 类型的参数，response 是一个 service_client_pkg::ServiceClientExMsgResponse 类型的参数。

2）infoinquiry（）函数定义了两个学生的相关信息，只要输入参数 request 为任意其中一个姓名就会反馈对应的信息，其结果会放在应答数据中，以输出参数 response 的形式传递到这个回调函数里，反馈到 client。最后，回调函数返回 true。

3）ROS 节点的主体函数是 int main（int argc，char ＊＊argv），其参数定义和其他 C++语言程序一样。

4）main（）函数里，首先调用 ros::init（argc，argv，"service_example_node"），进行该节点的初始化操作，函数的第三个参数是节点名称。

5）接下来定义一个 ros::NodeHandle 节点句柄 n，并使用这个句柄创建一个名为 info_inquiry_byname 的服务，注册回调函数 infoinquiry（）。

6）执行 ros::spin（）函数后，调用回调函数 infoinquiry（）处理数据。ros::spin（）调用回调函数后不会再返回主程序，也就是主程序到这儿就不往下执行了，一旦接收到客户端请求就调用回调函数。

7）程序编写完后，代码并未马上保存到文件里，此时会看到界面右上编辑区的文件名 service_example_node. cpp 右侧有一个白色小圆点，标示此文件并未保存。

按下快捷键<Ctrl+S>保存代码文件，界面右上编辑区的文件名 service_example_node. cpp 右侧的白色小圆点变为白色关闭按钮，文件保存成功。

（2）代码编写完毕，需要将文件名添加到编译文件里才能进行编译。编译文件在 service_client_pkg 文件夹下，文件名为 CMakeLists. txt，在 Visual Studio Code 界面左侧单击该文件，右侧会显示文件内容。如图 3-32 所示，在 CMakeLists. txt 文件末尾，为 service_example_node. cpp 添加新的编译规则。内容如下：

```
add_executable(service_example_node src/service_example_node.cpp)
add_dependencies(service_example_node
${${PROJECT_NAME}_EXPORTED_TARGETS}
    ${catkin_EXPORTED_TARGETS})
target_link_libraries(service_example_node ${catkin_LIBRARIES})
```

同样，修改完需要按下快捷键<Ctrl+S>进行保存，代码上方的文件名右侧的小白点会变为"x"，说明保存文件成功。下面开始进行代码文件的编译操作，启动一个终端程序，输入如下指令进入 ROS 的工作空间。

图 3-32　添加编译规则

```
cd
cd catkin_ws/
```

如图 3-33 所示，然后执行如下指令开始编译。

```
catkin_make
```

图 3-33　代码文件编译

执行这条指令之后，会出现滚动的编译信息，直到出现"［100%］Built target service_ example_node"信息，说明新的 service_example_node 节点已经编译成功，如图 3-34 所示。

（3）在终端程序中运行以下指令，启动节点管理器。

```
cd
roscore
```

打开第二个新的终端程序，运行 service_example_node 节点。

图 3-34　编译完成界面

```
rosrun service_client_pkg service_example_node
```

打开第三个新的终端程序，输入如下指令，测试 service_example_node 节点是否能够正确反馈信息。

```
rosservice call info_inquiry_byname 'Tom'
```

若有如下输出，如图 3-35 所示，则说明成功地给这个 service_example_node 节点配置消息类型。

图 3-35　服务端反馈界面

3.2.4　客户端编程实例

编程步骤如下：

（1）打开 Visual Studio Code，如图 3-36 所示，在 service_client_pkg 文件夹下的 src 子文件夹上单击鼠标右键，选择 New File 新建一个代码文件。

新建的代码文件命名为 client_example_node. cpp，如图 3-37 所示。

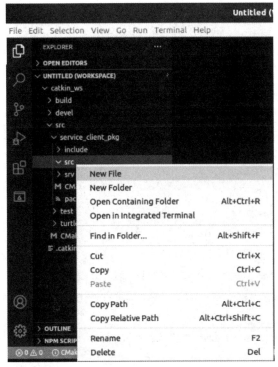

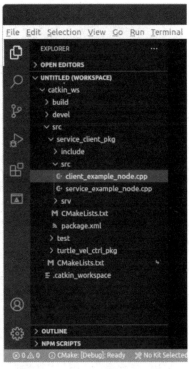

图 3-36 新建代码文件　　　　图 3-37 命名代码文件

命名完毕后，在 Visual Studio Code 界面的右侧开始编写 client_example_node. cpp 的代码。其内容如下：

```cpp
#include <ros/ros.h>
#include <service_client_pkg/ServiceClientExMsg.h>
#include <iostream>
#include <string>
using namespace std;

int main(int argc,char **argv)
{
    ros::init(argc,argv,"client_example_node");
    ros::NodeHandle n;
    ros::ServiceClient client = n.serviceClient<service_client_pkg::ServiceClientExMsg>("info_inquiry_byname");
    service_client_pkg::ServiceClientExMsg srv;
    string input_name;

    while(ros::ok())
    {
```

```
            cout<<endl;
            cout <<"enter a name(q to quit):";
            cin>>input_name;
            if(input_name. compare("q")==0)
            {   return 0;  }
            srv. request. name=input_name;
            if(client. call(srv))
            {
                if(srv. response. in_class)
                {
                    if(srv. response. boy)
                    {  cout <<srv. request. name <<" is boy;" <<endl;  }
                    else
                    {  cout <<srv. request. name <<" is girl;" <<endl; }
                cout <<srv. request. name <<" is " <<srv. response. age <<"
years old;" <<endl;
                    cout <<srv. request. name <<" is " <<srv. response.per-
sonality <<". "<<endl;
                }
                else
                {  cout <<srv. request. name <<" is not in class" <<endl;   }
            }
            else
            {
                ROS_ERROR("Failed to call service info_inquiry_byname");
                return 1;
            }
        }
        return 0;
    }
```

1）ROS 节点的主体函数是 int main（int argc，char ＊＊argv），其参数定义和其他 C++ 语言程序一样。

2）main()函数里，首先调用 ros::init（argc，argv，"client_example_node"），进行该节点的初始化操作，函数的第三个参数是节点名称。

3）接下来定义一个 ros::NodeHandle 节点句柄 n，并使用这个句柄创建一个名为 client 的客户端，与已经创建的服务端 service 通过 info_inquiry_byname 服务进行通信。

4）在 service_client_pkg 功能包中定义 service_client_pkg::ServiceClientExMsg 类型的服务消息 srv。

5）为了连续不断地发送请求，使用一个 while（ros::ok()）循环，以 ros::ok() 返回值作为循环结束条件，可以让循环在程序关闭时正常退出；如果输入字母 q，也可以退出循环。

6）根据输入的字符串发布服务请求，这个请求与已经创建的服务端 service 完成信息交换，并根据反馈的应答结果进行显示。

7）程序编写完后，代码并未马上保存到文件里，此时会看到界面右上编辑区的文件名 client_example_node. cpp 右侧有一个白色小圆点，标示此文件并未保存。

按下快捷键<Ctrl+S>保存代码文件，界面右上编辑区的文件名 client_example_node. cpp 右侧的白色小圆点变为白色关闭按钮，文件保存成功。

（2）代码编写完毕，需要将文件名添加到编译文件里才能进行编译。编译文件在 service_client_pkg 文件夹下，文件名为 CMakeLists. txt，在 Visual Studio Code 界面左侧单击该文件，右侧会显示文件内容。如图 3-38 所示，在 CMakeLists. txt 文件末尾，为 client_example_node. cpp 添加新的编译规则。内容如下：

```
add_executable(client_example_node src/client_example_node.cpp)
add_dependencies(client_example_node  ${${PROJECT_NAME}_EXPORTED_TARGETS}
      ${catkin_EXPORTED_TARGETS})
target_link_libraries(client_example_node ${catkin_LIBRARIES})
```

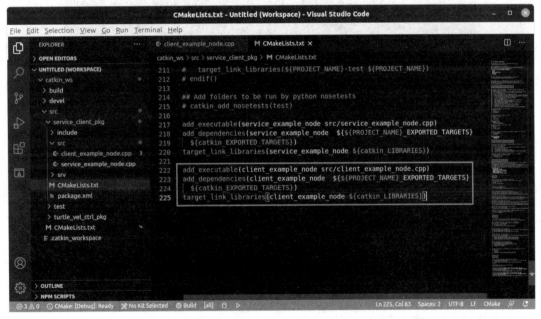

图 3-38　添加编译规则

同样，修改完需要按下快捷键<Ctrl+S>进行保存，代码上方的文件名右侧的小白点会变为"x"，说明保存文件成功。

下面开始进行代码文件的编译操作，启动一个终端程序，输入如下指令进入 ROS 的工作空间。

```
cd
cd catkin_ws/
```

然后执行如下指令开始编译。

```
catkin_make
```

执行这条指令之后，会出现滚动的编译信息，直到出现"[100%] Built target client_example_node"信息，说明新的 client_example_node 节点已经编译成功，如图 3-39 所示。

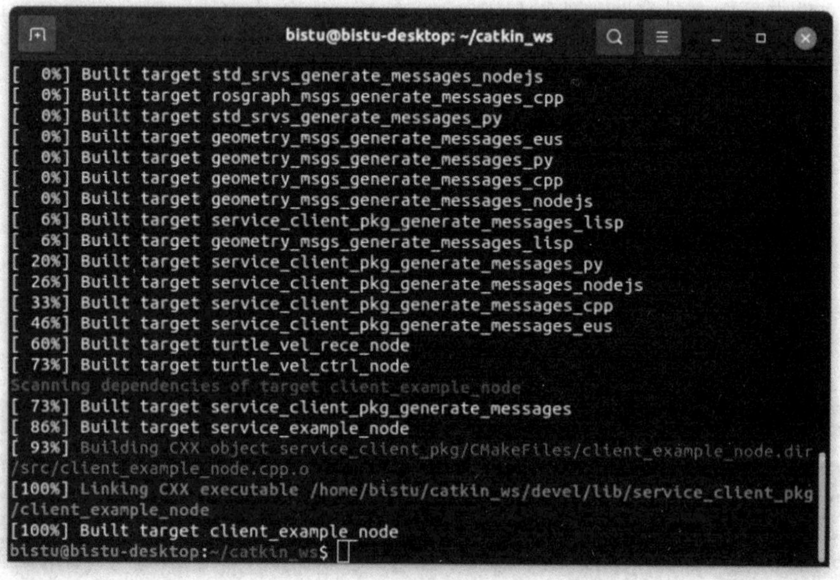

图 3-39 编译完成界面

（3）在终端程序中运行以下指令，启动节点管理器。

```
cd
roscore
```

打开第二个新的终端程序，运行 service_example_node 节点。

```
rosrun service_client_pkg service_example_node
```

如果运行正常，则终端程序中应会显示如图 3-40 所示的信息。
打开第三个新的终端程序，运行 client_example_node 节点。

```
rosrun service_client_pkg client_example_node
```

在客户端终端程序中输入 Tom 并按<Enter>键，客户端发布服务请求，服务端完成服务的功能后反馈结果给客户端，在客户端和服务端的终端中分别可以看到如图 3-41 和图 3-42 所示的显示信息。

图 3-40　服务端启动界面

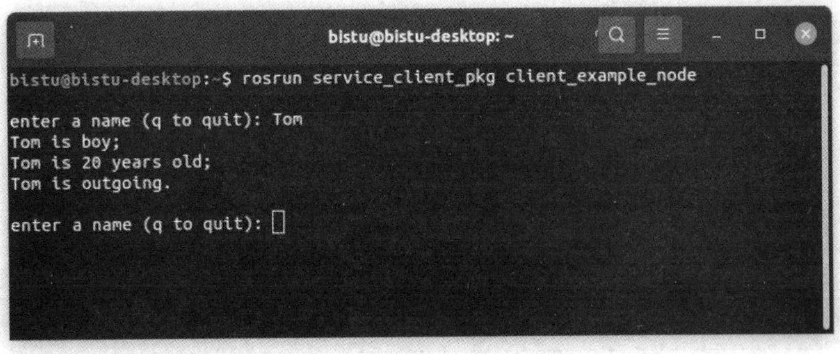

图 3-41　客户端运行界面

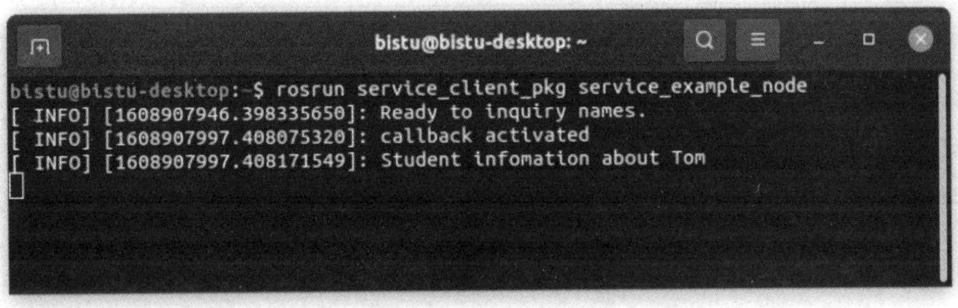

图 3-42　服务端运行界面

3.3　动作库

3.3.1　概述

Actionlib（动作库）是 ROS 中一个很重要的库，类似 Service 通信方式，Actionlib 也是一种请求响应机制的通信方式。在 Service 通信方式中，当客户端发送一个请求后，只有当它接收到服务端的响应信息才能执行其他操作，而 Actionlib 通信就不受这种限制，它采用 Action-server 服务端与 Action-client 客户端通信机制，Action-client 客户端对 Action-server 服务端发出一个请求后，还可以执行其他操作，比较适合需要长时间的通信过程。同时，

Action-server 服务端用来不断向 Action-client 客户端反馈任务的进度，还支持在任务中途中止运行。

3.3.2 自定义 action 消息文件编程实例

Publisher/Subscriber 的对应消息文件格式是 *.msg，Server/client 的消息文件格式是 *.srv。而 Action-server/Action-client 的消息文件格式是 *.action，action 消息包含有三个消息区域。创建一个 action 消息步骤如下：

（1）需要新建一个 ROS 功能包。在 Ubuntu 里打开一个终端程序，输入如下指令进入 ROS 工作空间。

```
cd catkin_ws/src/
```

按下<Enter>键后，即可进入 ROS 工作空间，然后输入如下指令新建一个 ROS 功能包。

```
catkin_create_pkg actionlib_example_pkg roscpp actionlib actionlib_msgs
```

这条指令的具体含义见表 3-4。

表 3-4 catkin_create_pkg 指令的含义

指令	含义
catkin_create_pkg	创建 ROS 源码包（package）的指令
actionlib_example_pkg	新建的 ROS 源码包命名
roscpp	C++语言依赖项，本例程使用 C++语言编写，所以需要这个依赖项
actionlib	消息依赖项
actionlib_msgs	需要 action 类型的消息

按下<Enter>键后，可以看到如图 3-43 所示信息，表示新的功能包创建成功。

图 3-43 创建功能包

（2）在 actionlib_example_pkg 文件夹中创建一个名为 action 的文件夹，如图 3-44 所示。

```
cd  actionlib_example_pkg
mkdir action
```

图 3-44　创建子文件夹

（3）打开 Visual Studio Code，可以看到工作空间里多了一个 actionlib_example_pkg 文件夹，如图 3-45 所示，在其 action 子文件夹上单击鼠标右键，选择 New File 新建一个服务文件。

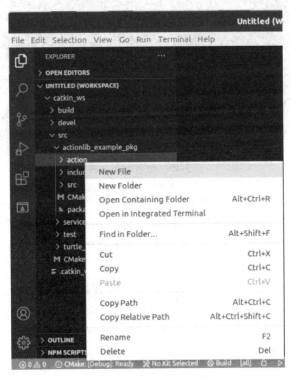

图 3-45　新建服务文件

新建的服务文件命名为 ActionlibExMsg. action。命名完毕后，在 Visual Studio Code 界面的右侧开始编写 ActionlibExMsg. action 的代码。其内容如下：

```
#goal definition
int32 whole_distance
---
#result definition
bool is_finish
---
#feedback
int32 moving_meter
```

如图 3-46 所示，该代码中定义了 action 消息数据，包含 goal、result、feedback 3 个区域，区域之间用---隔开，"#"开头的注释语句不是必须的，可以省略。

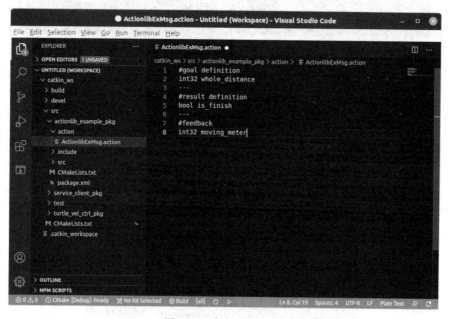

图 3-46　命名服务文件

在本例中，action 的目标是移动机器人向前行进。client 向 server 发送要行进的总距离（goal）；server 收到目标后开始执行任务，且向 client 反馈已经行进到了第几米（feedback），并在完成行进任务后告知 client；client 得知 server 完成任务后，使用 ros::shutdown( )函数关闭自身节点。

程序编写完后，代码并未马上保存到文件里，此时会看到界面右上编辑区的文件名 ActionlibExMsg. action 右侧有一个白色小圆点，标示此文件并未保存。按下快捷键<Ctrl+S>保存代码文件，界面右上编辑区的文件名 ActionlibExMsg. action 右侧的白色小圆点变为白色关闭按钮，文件保存成功。

（4）代码编写完毕，在 Visual Siudio Code 中打开 actionlib_example_pkg 文件夹下的 package. xml，添加如下语句并保存，如图 3-47 所示。

```
<build_depend>message_generation</build_depend>
<exec_depend>message_runtime</exec_depend>
```

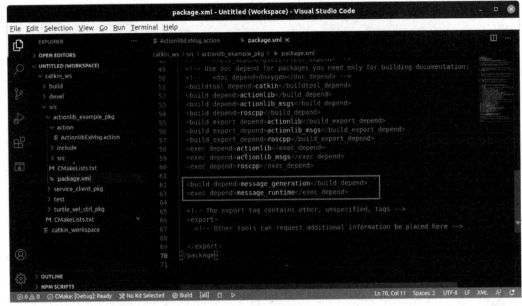

图 3-47　添加依赖配置

（5）在 Visual Studio Code 中打开 actionlib_example_pkg 文件夹下的 CMakeLists.txt，对其中的部分内容进行修改。

1）将如下语句去掉注释。

```
## Generate actions in the 'action' folder
# add_action_files(
#   FILES
#   Action1.action
#   Action2.action
# )
```

修改为：

```
## Generate actions in the 'action' folder
add_action_files(
    FILES
    ActionlibExMsg.action
)
```

2）将如下语句去掉注释。

```
## Generate added messages and services with any dependencies
listed here
```

```
# generate_messages(
#   DEPENDENCIES
#   std_msgs  # Or other packages containing msgs
# )
```

修改为：

```
## Generate added messages and services with any dependencies
listed here
generate_messages(
    DEPENDENCIES
    actionlib_msgs          # Or other packages containing msgs
)
```

同样，修改完需要按下快捷键\<Ctrl+S\>进行保存。至此，就完成了对 CMakeLists. txt 文件的重新配置，因此需要对工作空间重新编译。

（6）下面开始进行代码文件的编译操作，启动一个终端程序，输入如下指令进入 ROS 的工作空间。

```
cd
cd catkin_ws/
catkin_make
```

执行这条指令之后，会出现滚动的编译信息，直到出现"［100%］Built target actionlib_example_pkg_generate_messages"信息，说明已经编译成功，如图 3-48 所示。

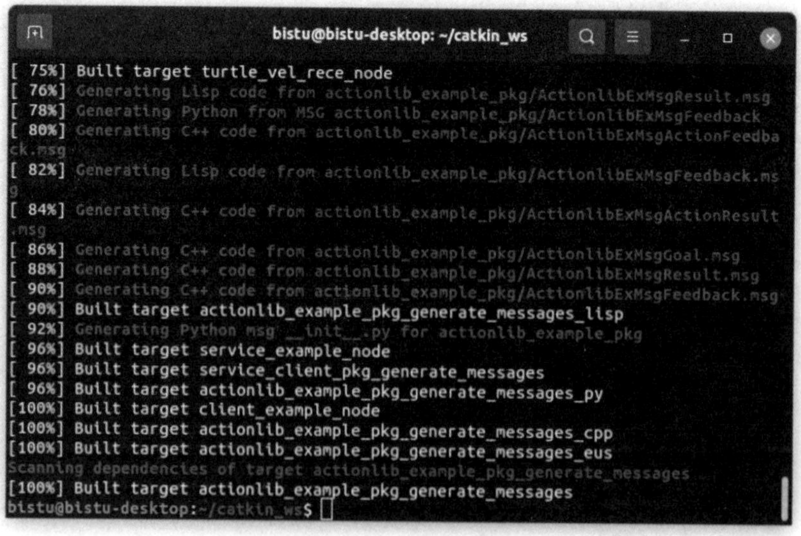

图 3-48　编译完成界面

如图 3-49 所示，编译完成后，自动在 ~/catkin_ws/devel/include/actionlib_ex-ample_pkg 文件夹下生成 action 消息类型的头文件 ActionlibExMsgAction. h。此外还生成了其他 6 个头文

件，这6个文件其实都包含在 ActionlibExMsgAction.h 中，所以之后调用的时候只需要添加 ActionlibExMsgAction.h 这个头文件即可，如：

```
#include <actionlib_example_pkg/ActionlibExMsgAction.h>
```

图 3-49　生成头文件

3.3.3　客户端编程实例

编程步骤如下：

（1）打开 Visual Studio Code，如图 3-50 所示，在 actionlib_example_pkg 文件夹下的 src 子文件夹上单击鼠标右键，选择 New File 新建一个代码文件。

新建的代码文件命名为 actionlib_client_node.cpp，如图 3-51 所示。

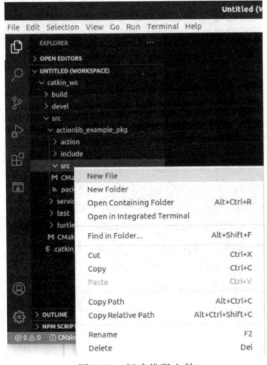

图 3-50　新建代码文件

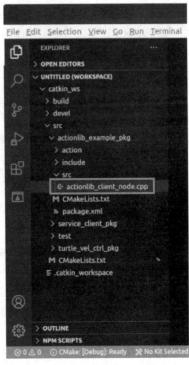

图 3-51　命名代码文件

命名完毕后，在 Visual Studio Code 界面的右侧开始编写 actionlib_client_node.cpp 的代码。其内容如下：

```cpp
#include <actionlib/client/simple_action_client.h>
#include <actionlib_example_pkg/ActionlibExMsgAction.h>

//action 完成后调用此函数
void doneCb (const actionlib::SimpleClientGoalState& state, const
actionlib_example_pkg::ActionlibExMsgResultConstPtr& result)
{
    ROS_INFO("Task completed!");
    ros::shutdown();              //任务完成之后关闭节点
}
void activeCb()                   //action 的目标任务发送给 server 且开始执
行时,调用此函数
{
    ROS_INFO("Goal is active! The robot begin to move forward. ");
}
//action 任务在执行过程中,server 对过程有反馈则调用此函数
void feedbackCb (const actionlib_example_pkg:: ActionlibExMsg
FeedbackConstPtr& feedback)
{
    //将服务器的反馈输出(机器人向前行进到第几米)
    ROS_INFO("The robot has moved forward %d meter:",feedback->mov-
ing_meter);
}

int main(int argc,char ** argv)
{
    ros::init(argc,argv,"actionlib_client_node");

    //创建一个 action 的 client,指定 action 名称为"moving_forward"
    actionlib::SimpleActionClient < actionlib_example_pkg::Actionl-
ibExMsgAction> client("moving_forward",true);
    ROS_INFO("Waiting for action server to start");
    client.waitForServer();   //等待服务器响应
    ROS_INFO("Action server started");

    //创建一个目标:移动机器人前进 10m
    actionlib_example_pkg::ActionlibExMsgGoal goal;
```

```
goal.whole_distance=10;

//把 action 的任务目标发送给服务器,绑定上面定义的各种回调函数
client.sendGoal(goal,&doneCb,&activeCb,&feedbackCb);
ros::spin();
return 0;
}
```

程序执行 ros::spin() 函数后，调用回调函数处理数据。ros::spin() 调用回调函数后不会再返回主程序，也就是主程序到这儿就不往下执行了，一旦接收到客户端请求就调用回调函数。

程序编写完后，代码并未马上保存到文件里，此时会看到界面右上编辑区的文件名 actionlib_example_pkg.cpp 右侧有一个白色小圆点，标示此文件并未保存。按下快捷键<Ctrl+S>保存代码文件，界面右上编辑区的文件名 actionlib_client_node.cpp 右侧的白色小圆点变为白色关闭按钮，文件保存成功。

（2）代码编写完毕，需要将文件名添加到编译文件里才能进行编译。编译文件在 actionlib_example_pkg 文件夹下，文件名为 CMakeLists.txt，在 Visual Studio Code 界面左侧单击该文件，右侧会显示文件内容。如图 3-52 所示，在 CMakeLists.txt 文件末尾，为 actionlib_client_node.cpp 添加新的编译规则。内容如下：

```
add_executable(actionlib_client_node src/actionlib_client_node.cpp)
add_dependencies(actionlib_client_node ${${PROJECT_NAME}_EXPORTED_TARGETS}
    ${catkin_EXPORTED_TARGETS})
target_link_libraries(actionlib_client_node ${catkin_LIBRARIES})
```

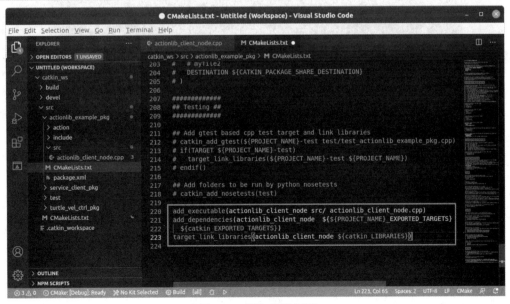

图 3-52　添加编译规则

同样，修改完需要按下快捷键<Ctrl+S>进行保存，代码上方的文件名右侧的小白点会变为"x"，说明保存文件成功。下面开始进行代码文件的编译操作，启动一个终端程序，输入如下指令进入 ROS 的工作空间。

```
cd
cd catkin_ws/
```

如图 3-53 所示，然后执行如下指令开始编译。

```
catkin_make
```

图 3-53　代码文件编译

执行这条指令之后，会出现滚动的编译信息，直到出现"［100%］Built target actionlib_client_node"信息，说明新的 actionlib_client_node 节点已经编译成功，如图 3-54 所示。

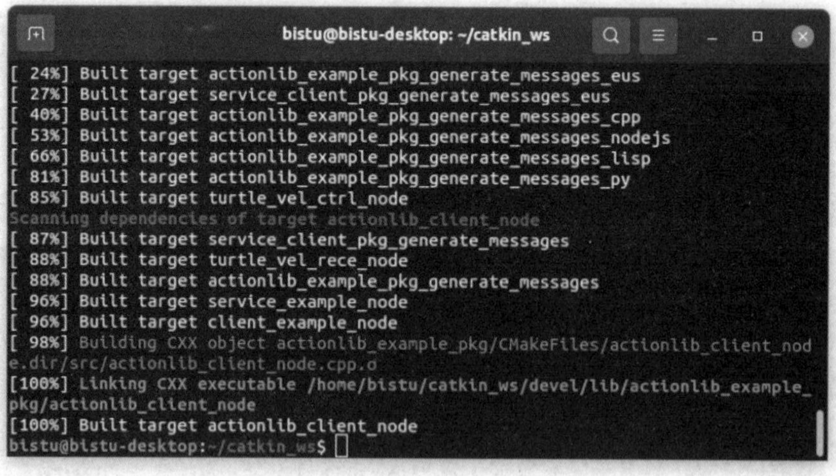

图 3-54　编译完成界面

3.3.4　服务端编程实例

编程步骤如下：

（1）打开 Visual Studio Code，如图 3-55 所示，在 actionlib_example_pkg 文件夹下的 src 子文件夹上单击鼠标右键，选择 New File 新建一个代码文件。

将新建的代码文件命名为 actionlib_server_node. cpp，如图 3-56 所示。

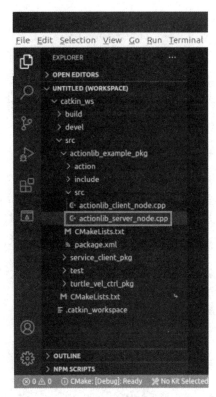

图 3-55　新建代码文件　　　　　　　　　图 3-56　命名代码文件

命名完毕后，在 Visual Studio Code 界面的右侧开始编写 actionlib_server_node. cpp 的代码。其内容如下：

```cpp
#include <ros/ros.h>
#include <actionlib/server/simple_action_server.h>
#include <actionlib_example_pkg/ActionlibExMsgAction.h>

//服务器接收任务目标后,调用该函数执行任务
void execute (const actionlib_example_pkg:: ActionlibExMsgGoal
ConstPtr& goal,actionlib::SimpleActionServer<actionlib_example_pkg::
ActionlibExMsgAction>* as)
{
    ros::Rate r(0.5);
    actionlib_example_pkg::ActionlibExMsgFeedback feedback;
    ROS_INFO("Task:The robot moves forward %d meters. ",goal->whole_
distance);
    for(int i=1; i<=goal-> whole_distance; i++)
    {
```

75

```
        feedback.moving_meter=i;
        as->publishFeedback(feedback); //反馈任务执行的过程
        r.sleep();
    }

    ROS_INFO("Task completed!");
    as->setSucceeded();}

int main(int argc,char** argv)
{
    ros::init(argc,argv,"actionlib_server_node");
    ros::NodeHandle n;
    //创建一个action的server,指定action名称为"moving_forward"
    actionlib::SimpleActionServer<actionlib_example_pkg::Actionl-
ibExMsgAction> server(n,"moving_forward",boost::bind(&execute,_1,
&server),false);
    //服务器启动
    server.start();
    ros::spin();
    return 0;
}
```

程序编写完后，代码并未马上保存到文件里，此时会看到界面右上编辑区的文件名 actionlib_server_node.cpp 右侧有一个白色小圆点，标示此文件并未保存。按下快捷键<Ctrl+S>保存代码文件，界面右上编辑区的文件名 actionlib_server_node.cpp 右侧的白色小圆点变为白色关闭按钮，文件保存成功。

（2）代码编写完毕，需要将文件名添加到编译文件里才能进行编译。编译文件在 actionlib_example_pkg 文件夹下，文件名为 CMakeLists.txt，在 Visual Studio Code 界面左侧单击该文件，右侧会显示文件内容。如图 3-57 所示，在 CMakeLists.txt 文件末尾，为 actionlib_server_node.cpp 添加新的编译规则。内容如下：

```
add_executable(actionlib_server_node src/actionlib_server_node.cpp)
add_dependencies(actionlib_server_node ${${PROJECT_NAME}_EX-
PORTED_TARGETS}
  ${catkin_EXPORTED_TARGETS})
target_link_libraries(actionlib_server_node ${catkin_LIBRARIES})
```

同样，修改完需要按下快捷键<Ctrl+S>进行保存，代码上方的文件名右侧的小白点会变为"x"，说明保存文件成功。下面开始进行代码文件的编译操作，启动一个终端程序，输入如下指令进入 ROS 的工作空间。

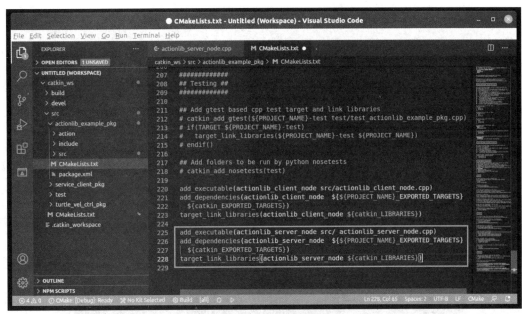

图 3-57 添加编译规则

```
cd
cd catkin_ws/
```

然后执行如下指令开始编译。

```
catkin_make
```

执行这条指令之后，会出现滚动的编译信息，直到出现"［100%］Built target actionlib_server_node"信息，说明新的 actionlib_server_node 节点已经编译成功，如图 3-58 所示。

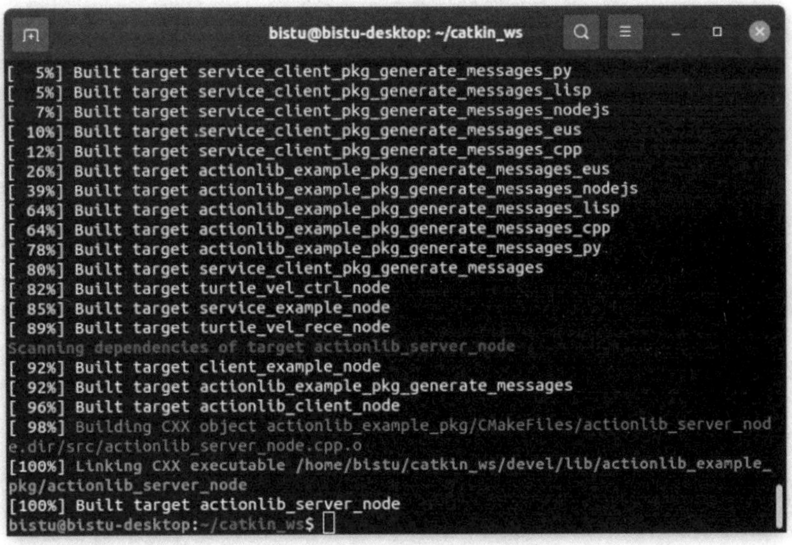

图 3-58 编译完成界面

（3）在终端程序中运行以下指令，启动节点管理器。

```
cd
roscore
```

打开第二个新的终端程序，运行 actionlib_client_node 节点。

```
rosrun actionlib_example_pkg actionlib_client_node
```

打开第三个新的终端程序，运行 actionlib_server_node 节点。

```
rosrun actionlib_example_pkg actionlib_server_node
```

客户端发布任务请求，服务端实时将任务的进展情况反馈给客户端，在客户端和服务端的终端中分别可以看到如图 3-59 和图 3-60 所示的显示信息。

图 3-59　客户端运行界面

图 3-60　服务端运行界面

打开第四个新的终端程序，通过指令查看 ROS 的节点网络情况。

```
rqt_graph
```

按下 <Enter> 键，便会弹出一个窗口，如图 3-61 所示，显示当前 ROS 里的节点网络情况。

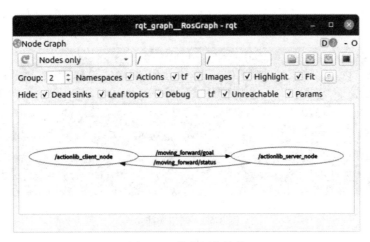

图 3-61 节点网络情况

3.4 参数服务器

机器人工作时，经常需要用到参数传递功能，可以事先将一些不需要经常变动的常量（如机器人的轮廓、传感器参数、算法的参数等）保存到 Parameter Server（参数服务器），在需要用到参数的时候再从参数服务器中获取。

参数信息一般写入 yaml 文件中，通过命令行指令或 launch 文件可以实现对 yawl 文件的调用，从而进一步实现对文件中参数的读取。

3.4.1 创建 yaml 文件

首先，需要新建一个 ROS 功能包。在 Ubuntu 里打开一个终端程序，输入如下指令进入 ROS 工作空间。

```
cd catkin_ws/src/
```

按下<Enter>键后，即可进入 ROS 工作空间，然后输入如下指令新建一个 ROS 功能包。

```
catkin_create_pkg parameter_server_pkg roscpp std_msgs
```

这条指令的具体含义（见表 3-5）。

表 3-5　catkin_create_pkg 指令含义

指令	含义
catkin_create_pkg	创建 ROS 源码包（package）的指令
parameter_server_pkg	新建的 ROS 源码包命名
roscpp	C++语言依赖项，本例程使用 C++语言编写，所以需要这个依赖项
std_msgs	标准消息依赖项，需要里面的 String 格式做文字输出

按下<Enter>键后，可以看到如图 3-62 所示信息，表示新的功能包创建成功。

图 3-62　创建功能包

打开 Visual Studio Code，可以看到工作空间里多了一个 parameter_server_pkg 文件夹。如图 3-63 所示，在 parameter_server_pkg 文件夹上单击鼠标右键，选择 New Folder 新建一个 launch 子文件夹。如图 3-64 所示，在 launch 子文件夹上单击鼠标右键，选择 New File 新建一个名为 para_setting. yaml 的代码文件。

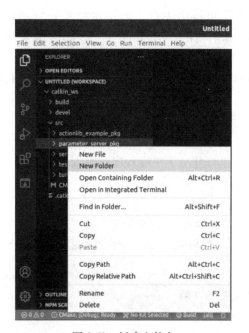

图 3-63　新建文件夹

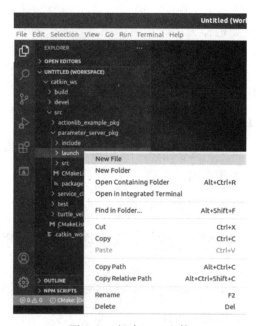

图 3-64　新建 yaml 文件

命名完毕后，在 Visual Studio Code 界面的右侧开始编写 para_setting. yaml 的代码。其内容如下：

```
kinect_height:0.34
kinect_pitch:1.54
```

代码中定义了两个参数值，kinect_height 代表 kinect 传感器的安装高度，其初始数值为 0.34m，kinect_pitch 代表 kinect 传感器的安装角度，其初始数值为 1.54rad。

按下快捷键<Ctrl+S>保存代码文件，界面右上编辑区的文件名 para_setting. yaml 右侧的白色小圆点变为白色关闭按钮，如图 3-65 所示，文件保存成功。

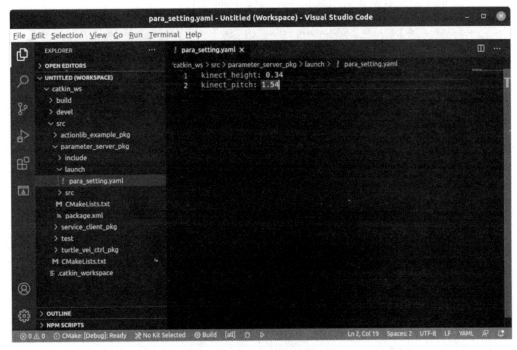

图 3-65　源文件代码

3.4.2　加载 yaml 文件

在获取 yaml 文件中的参数信息之前，需要先加载 yaml 文件。加载 yaml 文件有如下两种方法：通过 rosparam 指令加载或通过 launch 文件加载。

1. 通过 rosparam 指令加载

如图 3-66 所示，在终端程序中运行以下指令，启动节点管理器。

```
roscore
```

图 3-66　启动节点管理器

从 Ubuntu 桌面左侧的收藏夹中用鼠标右键单击"终端"图标，在弹出的菜单中选择"新建窗口"，启动第二个终端程序（也可以通过同时按下快捷键<Ctrl+Alt+T>来启动）。在终端中首先切换到 para_setting. yaml 文件所在的目录下。

```
cd catkin_ws/src/parameter_server_pkg/launch
```

然后通过指令使参数服务器加载 para_setting. yaml 文件。

```
rosparam load para_setting. yaml
```

此时再用 rosparam list 可以看到新加载的参数，如图 3-67 所示。界面中前两个参数就是在 para_setting. yaml 文件中设置的参数名称。

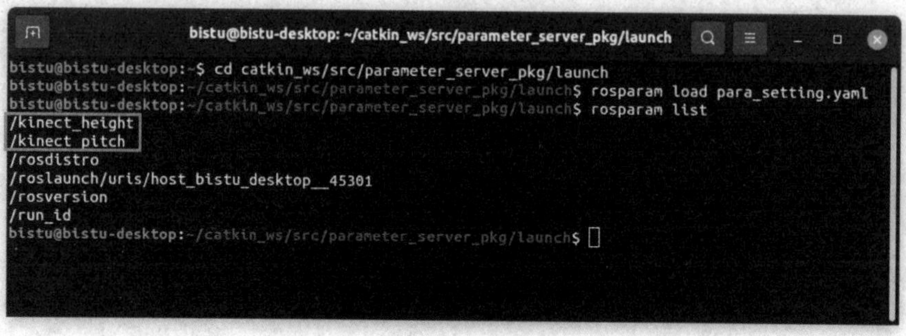

图 3-67 参数列表

如图 3-68 所示，可以用指令 rosparam get /kinect_height 查看其数值。

图 3-68 查看参数

如图 3-69 所示，也可以用指令 rosparam set /kinect_height 0. 4 重新设置其数值为 0. 4。

图 3-69 重置参数

如果要让这个变更后的参数保存到 yaml 文件中，需要输入如下指令：

```
rosparam dump para_setting. yaml
```

在 Visual Studio Code 中打开 para_setting. yaml 文件，可以看到参数重置后的代码如图 3-70 所示。

图 3-70 参数重置后 yaml 文件代码

2. 通过 launch 文件加载

打开 Visual Studio Code，在 parameter_server_pkg 文件夹的 launch 子文件夹上单击鼠标右键，选择 New File 新建一个名为 para_load. launch 的代码文件。

命名完毕后，在 Visual Studio Code 界面的右侧开始编写 para_load. launch 的代码。其内容如下：

```
<launch>
<rosparam command = " load" file = " $ (find parameter_server_pkg)/
launch/para_setting. yaml" />
</launch>
```

按下快捷键<Ctrl+S>保存代码文件，界面右上编辑区的文件名 para_load. launch 右侧的白色小圆点变为白色关闭按钮，如图 3-71 所示，文件保存成功。

打开终端程序，启动 launch 文件，如图 3-72 所示。

```
roslaunch parameter_server_pkg para_load. launch
```

从 Ubuntu 桌面左侧的收藏夹中用鼠标右键单击"终端"图标，在弹出的菜单中选择"新建窗口"，启动第二个终端程序（也可以通过同时按下快捷键<Ctrl+Alt+T>来启动），通过指令 rosparam list 可以看到新加载的参数，如图 3-73 所示。界面中前两个参数就是在 para_setting. yaml 文件中设置的参数名称。

```
rosparam list
```

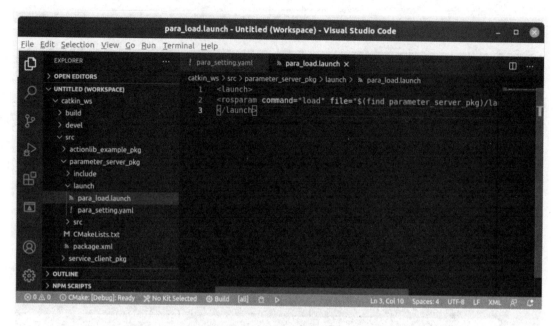

图 3-71　源文件代码

```
/home/bistu/catkin_ws/src/parameter_server_pkg/launch/para_load.launch http://localh
bistu@bistu-desktop:~$ roslaunch parameter_server_pkg para_load.launch
... logging to /home/bistu/.ros/log/ab0c0502-d246-11ea-877c-7f6bb5b6cf44/roslaun
ch-bistu-desktop-14403.log
Checking log directory for disk usage. This may take awhile.
Press Ctrl-C to interrupt
Done checking log file disk usage. Usage is <1GB.

started roslaunch server http://bistu-desktop:45859/

SUMMARY
========

PARAMETERS
 * /kinect_height: 0.4
 * /kinect_pitch: 1.54
 * /rosdistro: kinetic
 * /roslaunch/uris/host_bistu_desktop__40865: http://bistu-desk...
 * /rosversion: 1.12.14
 * /run_id: 58425c70-d239-11e...

NODES

auto-starting new master
process[master]: started with pid [14413]
ROS_MASTER_URI=http://localhost:11311

setting /run_id to ab0c0502-d246-11ea-877c-7f6bb5b6cf44
process[rosout-1]: started with pid [14426]
started core service [/rosout]
```

图 3-72　启动 launch 文件

3.4.3　在节点中进行参数读取

步骤如下：

（1）打开 Visual Studio Code，如图 3-74 所示，在 parameter_server_pkg 文件夹下的 src 子文件夹上单击鼠标右键，选择 New File 新建一个代码文件。新建的代码文件命名为 get_parameter_node. cpp，如图 3-75 所示。

图 3-73　参数列表

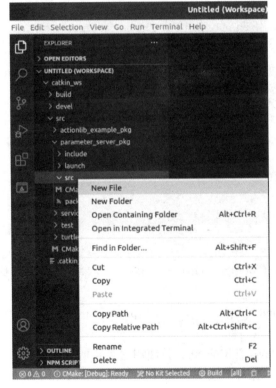

图 3-74　新建代码文件

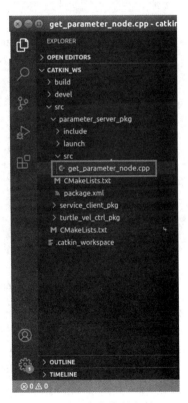

图 3-75　命名代码文件

命名完毕后，在 Visual Studio Code 界面的右侧开始编写 get_parameter_node.cpp 的代码。其内容如下：

```
#include <ros/ros.h>

int main(int argc,char **argv)
{
ros::init(argc,argv,"get_parameter_node");
    ros::NodeHandle nh; // 节点句柄
double kinect_height_getting,kinect_pitch_getting;//定义变量

        if(nh.getParam("/kinect_height",kinect_height_getting))
{
        ROS_INFO("kinect_height set to %f",kinect_height_get-
ting);
        }
        else
        {
        ROS_WARN("could not find parameter value / kinect_height
on parameter server");
        }
            if(nh.getParam("/kinect_pitch",kinect_pitch_getting))
    {
        ROS_INFO("kinect_pitch set to %f",kinect_pitch_get-
ting);
        }
        else
        {
        ROS_WARN("could not find parameter value / kinect_pitch
on parameter server");
        }
    }
```

1) ROS 节点的主体函数是 int main（int argc，char ＊＊argv），其参数定义和其他 C++ 语言程序一样。

2) main（)函数里，首先调用 ros::init（argc，argv，"get_parameter_node"），进行该节点的初始化操作，函数的第三个参数是节点名称。

3) 接下来定义一个 ros::NodeHandle 节点句柄 nh，并使用这个句柄分别调用参数服务器中的参数 kinect_heigh 和 kinect_pitch，保存到变量 kinect_height_getting 和 kinect_pitch_getting 中。

4) 利用 ROS_INFO 把查询到的参数数值在屏幕上进行显示。

程序编写完后，代码并未马上保存到文件里，此时会看到界面右上编辑区的文件名 get_parameter_node. cpp 右侧有一个白色小圆点，标示此文件并未保存。

按下快捷键<Ctrl+S>保存代码文件，界面右上编辑区的文件名 get_parameter_node. cpp 右侧的白色小圆点变为白色关闭按钮，文件保存成功。

（2）代码编写完毕，需要将文件名添加到编译文件里才能进行编译。编译文件在 parameter_server_pkg 文件夹下，文件名为 CMakeLists. txt，在 Visual Studio Code 界面左侧单击该文件，右侧会显示文件内容。如图 3-76 所示，在 CMakeLists. txt 文件末尾，为 get_parameter_node. cpp 添加新的编译规则。内容如下：

```
add_executable(get_parameter_node src/get_parameter_node.cpp)
add_dependencies(get_parameter_node ${${PROJECT_NAME}_EXPORTED_
TARGETS}
    ${catkin_EXPORTED_TARGETS})
target_link_libraries(get_parameter_node ${catkin_LIBRARIES})
```

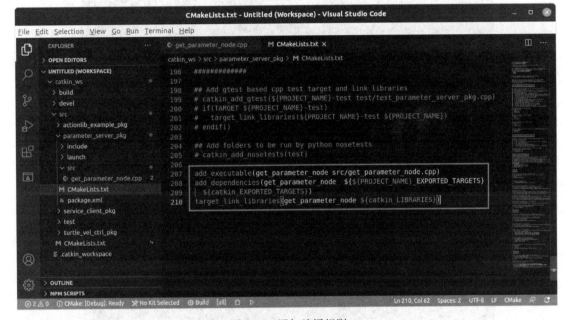

图 3-76　添加编译规则

同样，修改完需要按下快捷键<Ctrl+S>进行保存，代码上方的文件名右侧的小白点会变为 "x"，说明保存文件成功。下面开始进行代码文件的编译操作，启动一个终端程序，输入如下指令进入 ROS 的工作空间。

```
cd
cd catkin_ws/
```

然后执行如下指令开始编译。

```
catkin_make
```

执行这条指令之后，会出现滚动的编译信息，直到出现 "［100%］Built target get_parameter_node" 信息，说明新的 get_parameter_node 节点已经编译成功，如图 3-77 所示。

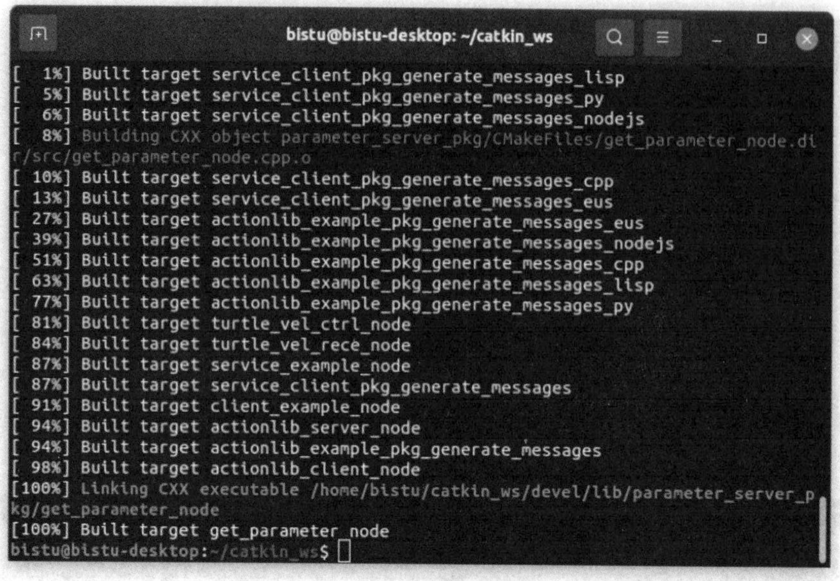

图 3-77　编译完成界面

（3）运行 . launch 文件加载 yaml 文件。打开终端程序，启动 launch 文件，如图 3-78 所示。

```
roslaunch parameter_server_pkg para_load.launch
```

图 3-78　启动 launch 文件

打开第二个新的终端程序，运行 get_parameter_node 节点。

```
rosrun parameter_server_pkg get_parameter_node
```

如果运行正常，终端程序中应会显示如图 3-79 所示的信息，说明成功读取参数服务器中的参数数值。

图 3-79　启动节点

一般情况下，节点只会在启动的时候访问一次参数服务器获取信息，如果之后配置参数被修改，参数服务器不会实时获取这个变更的数据，只能在下一次调用时才能获取变更后的数据。因此，参数服务器不适合用于储存或读取动态的数据。

3.5　本章小结

本章首先对 ROS 的 4 种通信方式从通信机制、消息文件格式、传输特点、同步/异步、使用场景等方面进行了比较，接着对 ROS 的通信方式，即 Topic（主题）、Service（服务）、Actionlib（动作库）、Parameter Service（参数服务器）分别进行了详细的实例介绍。

第 **4** 章

ROS实用工具

4.1　坐标变换

坐标变换（TF）是机器人学中一个非常重要的概念，包括位置和姿态两个方面的变换。对于 *A*、*B* 两个坐标系，*A* 坐标系下的位姿可以通过平移和旋转变换成 *B* 坐标系下的位姿，这里的平移和旋转可以通过 4×4 的变换矩阵来描述。

机器人处于世界坐标系下，其自身也具有一个基坐标系。同时，机器人的每个内部关节、末端执行器、各种传感器（例如激光雷达、深度相机、里程计等）又有各自的坐标系，在 ROS 中使用 TF 功能包进行坐标变换。TF 使用树形数据结构，TF 树中的每个节点都对应一个坐标系，而节点之间的边对应于坐标系之间的变换关系。

一棵 TF 变换树定义了不同坐标系之间的平移与旋转变换关系，TF 功能包提供了存储、计算不同数据在不同坐标系之间变换的功能，因此只需要告诉 TF 树不同坐标系之间的变换公式，就可以帮助用户在任意时间，将点、向量等数据的坐标在两个坐标系中完成坐标变换。

在使用 TF 功能包时，包括两个步骤：

（1）广播 TF 变换，向系统中广播坐标系之间的坐标变换关系。系统中可能会存在多个不同部分的 TF 变换广播，每个广播都可以直接将坐标变换关系插入到 TF 树中，不需要再进行同步。

（2）监听 TF 变换，接收并缓存系统中发布的所有坐标变换数据，并从中查询所需要的坐标变换关系。

如图 4-1 所示，在轮式移动机器人上方安装一个激光雷达，以轮式移动机器人平台的中心为坐标原点，定义 base_link 坐标系；以激光雷达的中心为坐标原点，定义 base_laser 坐标系。base_laser 坐标系原点位于 base_link 坐标系原点前方 10cm、上方 20cm 处，从 base_link 坐标系到 base_laser 坐标系的变换关系为（x：0.1m，y：0.0m，z：0.2m）。

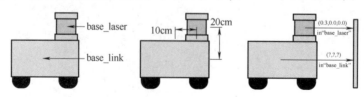

图 4-1　机器人上两个坐标系关系

接下来编写两个节点，第一个节点广播两个坐标系之间的 TF 变换关系；第二个节点订阅 TF 树，然后从 TF 树中遍历到两个坐标系之间的变换公式，通过公式计算数据的变换。

4.1.1 广播 TF 变换

首先，需要新建一个 ROS 功能包。在 Ubuntu 里打开一个终端程序，输入如下指令进入 ROS 工作空间。

```
cd catkin_ws/src/
```

按下<Enter>键之后，即可进入 ROS 工作空间，然后输入如下指令新建一个 ROS 功能包。

```
catkin_create_pkg tf_test_pkg roscpp tf geometry_msgs
```

这条指令的具体含义（见表4-1）。

表 4-1 catkin_create_pkg 指令含义

指令	含义
catkin_create_pkg	创建 ROS 源码包（package）的指令
tf_test_pkg	新建的 ROS 源码包命名
roscpp	C++语言依赖项，本例程使用 C++语言编写，所以需要这个依赖项
tf	使用 TF 功能包
geometry_msgs	ROS 中的一种常用的消息类型

按下<Enter>键后，可以看到如图 4-2 所示信息，表示新的功能包创建成功。

图 4-2 创建功能包

打开 Visual Studio Code，可以看到工作空间里多了一个 tf_test_pkg 文件夹，如图 4-3 所示，在其 src 子文件夹上单击鼠标右键，选择 New File 新建一个代码文件。

新建的代码文件命名为 tf_broadcaster. cpp，如图 4-4 所示。

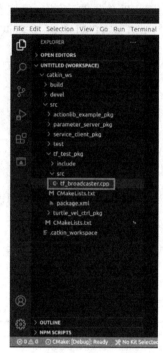

图 4-3　新建代码文件　　　　　图 4-4　命名代码文件

命名完毕后，在 Visual Studio Code 界面的右侧开始编写 tf_broadcaster.cpp 的代码。其内容如下：

```cpp
#include <ros/ros.h>
#include <tf/transform_broadcaster.h>

int main(int argc,char ** argv)
{
ros::init(argc,argv,"tf_broadcaster");
ros::NodeHandle n;
    ros::Rate loop_rate(100);

    tf::TransformBroadcaster broadcaster;
    tf::Transform base_link2base_laser;
    base_link2base_laser.setOrigin(tf::Vector3(0.1,0.0,0.2));
    base_link2base_laser.setRotation(tf::Quaternion(0,0,0,1));

while(n.ok())
    {
        broadcaster.sendTransform(tf::StampedTransform(base_
link2base_laser,ros::Time::now(),"base_link","base_laser"));
```

```
        //broadcaster.sendTransform ( tf:: StampedTransform ( tf::
Transform(tf::Quaternion (0, 0, 0, 0),//tf::Vector3 (1, 0.0, 0)), ros::
Time::now(),"base_link","base_laser"));
        loop_rate.sleep();
    }
    return 0;
}
```

（1）代码的开始部分，先 include 了两个头文件，一个是 ROS 的系统头文件；另一个是 transform_Broadcaster.h 头文件。TF 功能包提供了 TransformBroadcaster 类的实现，以帮助简化 TF 发布转换的任务，要使用 TransformBroadcaster，就需要包含<tf/transform_Broadcaster.h>头文件。

（2）ROS 节点的主体函数是 int main（int argc，char＊＊argv），其参数定义和其他 C++ 语言程序一样。

（3）main()函数里，首先调用 ros::init（argc，argv，"tf_broadcaster"），进行该节点的初始化操作，函数的第三个参数是节点名称。

（4）接下来利用 Rate loop_rate（100）控制节点运行的频率，与后面的 loop_rate.sleep()配合使用。

（5）创建 TF 广播器 broadcaster，用于后续发布坐标变换。

（6）创建一个 transform 对象 base_link2base_laser，定义存放转换信息（平动，转动的变量）。利用 setOrigin()函数给定平移变换值；利用 setRotation()函数给定旋转变换值，Quaternion()中的前 3 个参数为 base_laser 子坐标系与 base_link 父坐标系的角度关系，分别为 roll（绕 x 轴）、pitch（绕 y 轴）、yaw（绕 z 轴），最后一个参数为角速度。

（7）为了连续不断地发布坐标变换，使用一个 while（n.ok()）循环，以 n.ok()返回值作为循环结束条件，可以让循环在程序关闭时正常退出。

（8）利用 sendTransform()函数发布坐标变换到主题"/tf"。

（9）调用 loop_rate.sleep()函数，按之前 loop_rate（100）设置的 100Hz 将程序挂起。

（10）程序编写完后，代码并未马上保存到文件里，此时会看到界面右上编辑区的文件名 tf_broadcaster.cpp 右侧有一个白色小圆点，标示此文件并未保存。

按下快捷键<Ctrl+S>保存代码文件，界面右上编辑区的文件名 tf_broadcaster.cpp 右侧的白色小圆点变为白色关闭按钮，如图 4-5 所示，文件保存成功。

代码编写完毕，需要将文件名添加到编译文件里才能进行编译。编译文件在 tf_test_pkg 的目录下，文件名为 CMakeLists.txt，在 IDE 界面左侧单击该文件，右侧会显示文件内容。如图 4-6 所示，在 CMakeLists.txt 文件末尾，为 tf_broadcaster.cpp 添加新的编译规则。内容如下：

```
add_executable(tf_broadcaster src/tf_broadcaster.cpp)
add_dependencies(tf_broadcaster ${${PROJECT_NAME}_EXPORTED_TAR-
GETS}
    ${catkin_EXPORTED_TARGETS})
target_link_libraries(tf_broadcaster ${catkin_LIBRARIES})
```

图 4-5　源文件代码

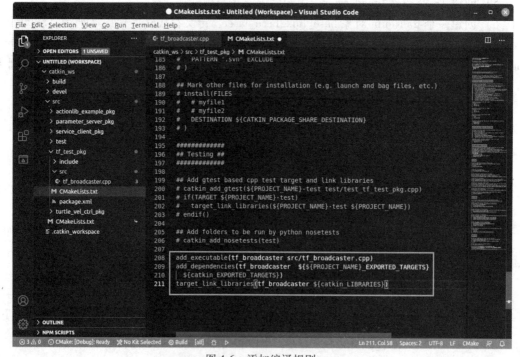

图 4-6　添加编译规则

　　同样，修改完需要按下快捷键<Ctrl+S>进行保存，代码上方的文件名右侧的小白点会变为"x"，说明保存文件成功。下面开始进行代码文件的编译操作，启动一个终端程序，输入如下指令进入 ROS 的工作空间。

```
cd
cd catkin_ws/
```

如图 4-7 所示，然后执行如下指令开始编译。

```
catkin_make
```

图 4-7　代码文件编译

执行这条指令之后，会出现滚动的编译信息，直到出现"［100%］Built target tf_broadcaster"信息，说明新的 tf_broadcaster 节点已经编译成功。

4.1.2　监听 TF 变换

打开 Visual Studio Code，如图 4-8 所示，在工作空间中 tf_test_pkg 文件夹下的 src 子文件夹上单击鼠标右键，选择 New File 新建一个代码文件。

新建的代码文件命名为"tf_listener. cpp"，如图 4-9 所示。

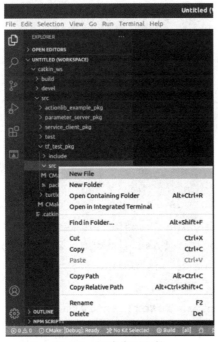

图 4-8　新建代码文件

图 4-9　命名代码文件

命名完毕后，在 Visual Studio Code 界面的右侧开始编写 tf_listener.cpp 的代码。其内容如下。

```cpp
#include <ros/ros.h>
#include <tf/transform_listener.h>
#include <geometry_msgs/PointStamped.h>
#include <iostream>

int main(int argc,char * * argv)
{
    ros::init(argc,argv,"tf_listener");
    ros::NodeHandle n;
        ros::Rate loop_rate(100);

        tf::TransformListener listener;
        geometry_msgs::PointStamped laser_pos;
        laser_pos.header.frame_id="base_laser";
        laser_pos.header.stamp=ros::Time();

        laser_pos.point.x=0.3;
        laser_pos.point.y=0;
        laser_pos.point.z=0;

        geometry_msgs::PointStamped base_pos;

    while(n.ok())
        {
            if(listener.waitForTransform("base_link","base_laser",
ros::Time(0),ros::Duration(3)))
            {
                listener.transformPoint("base_link",laser_pos,base_
pos);
                ROS_INFO("pointpos in base_laser: (%.2f,%.2f.%
.2f)",laser_pos.point.x,laser_pos.point.y,laser_pos.point.z);
                ROS_INFO("pointpos in base_link:(%.2f,%.2f,%.2f)",
base_pos.point.x,base_pos.point.y,base_pos.point.z);

                tf::StampedTransform laserTransform;
                listener.lookupTransform("base_link","base_laser",
ros::Time(0),laserTransform);
```

```
            std::cout <<"laserTransform.getOrigin().getX():" <<
laserTransform.getOrigin().getX()<<std::endl;
            std::cout <<"laserTransform.getOrigin().getY():" <<
laserTransform.getOrigin().getY()<<std::endl;
            std::cout <<"laserTransform.getOrigin().getZ():" <<
laserTransform.getOrigin().getZ()<<std::endl;
        }
        loop_rate.sleep();
    }
  }
```

（1）代码的开始部分，先 include 4 个头文件。在 tf_listener.cpp 中使用一个新的类型叫作 geometry_msgs/PointStamped，在 ROS 终端命令行使用 rosmsg show geometry_msgs/PointStamped 命令可以查看该类型，所以包含<geometry_msgs/PointStamped.h>头文件。

（2）ROS 节点的主体函数是 int main（int argc，char ＊＊ argv），其参数定义和其他 C++ 语言程序一样。

（3）main()函数里，首先调用 ros::init（argc，argv，"tf_listener"），进行该节点的初始化操作，函数的第三个参数是节点名称。

（4）接下来利用 Rate loop_rate（100）控制节点运行的频率，与后面的 loop_rate.sleep()配合使用。

（5）创建一个监听器 listener，监听所有 TF 变换。

（6）在 base_laser 上声明一个点 laser_pos，用来转换得到 base_link 上的点坐标。首先创建一个 PointStamped 类型的点 laser_pos，将这个点绑定到 base_laser 坐标系下，定义点的坐标为（0.3，0，0）。

（7）创建一个 PointStamped 类型的点 base_pos，用于存储转换到 base_link 上的点坐标。

（8）为了连续不断地发送速度，使用一个 while（n.ok()）循环，以 n.ok()返回值作为循环结束条件，可以让循环在程序关闭时正常退出。

（9）为了进行坐标变换，需要首先利用 waitForTransform()函数监听两个坐标之间的变换关系，其中的第三个参数 ros::Time（0）表示使用缓冲区中最新的 TF 数据。

（10）利用 transformPoint()函数将 base_laser 坐标系中的 laser_pos 点变换到 base_link 坐标系中的 base_pos 点。

（11）输出坐标变换前 laser_pos 点的坐标值和坐标变换后 base_pos 点的坐标值。

（12）利用 lookupTransform()函数获取最新的坐标变换关系，并输出 base_laser 坐标系原点在 base_link 坐标系中的坐标值。

（13）调用 loop_rate.sleep()函数，按之前 loop_rate（100）设置的 100Hz 将程序挂起。

（14）程序编写完后，代码并未马上保存到文件里，此时会看到界面右上编辑区的文件名 tf_listener.cpp 右侧有一个白色小圆点，标示此文件并未保存。

按下快捷键<Ctrl+S>保存代码文件，界面右上编辑区的文件名 tf_listener.cpp 右侧的白色小圆点变为白色关闭按钮，文件保存成功。

代码编写完毕，需要将文件名添加到编译文件里才能进行编译。编译文件在 tf_test_pkg

的目录下，文件名为 CMakeLists. txt，在 IDE 界面左侧单击该文件，右侧会显示文件内容。如图 4-10 所示，在 CMakeLists. txt 文件末尾，为 tf_listener. cpp 添加新的编译规则。内容如下：

```
add_executable(tf_listener src/tf_listener.cpp)
add_dependencies(tf_listener  ${${PROJECT_NAME}_EXPORTED_TAR-
GETS}
    ${catkin_EXPORTED_TARGETS})
target_link_libraries(tf_listener ${catkin_LIBRARIES})
```

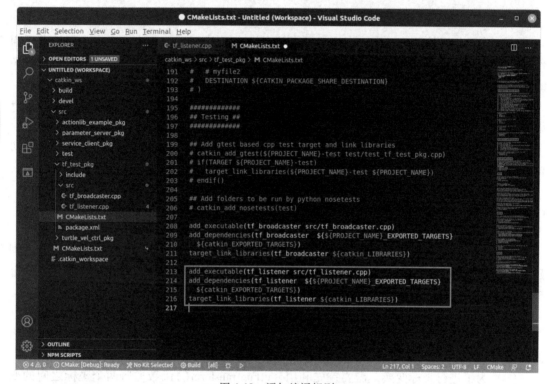

图 4-10　添加编译规则

同样，修改完需要按下快捷键<Ctrl+S>进行保存，代码上方的文件名右侧的小白点会变为 "x"，说明保存文件成功。下面开始进行代码文件的编译操作，启动一个终端程序，输入如下指令进入 ROS 的工作空间。

```
cd
cd catkin_ws/
```

如图 4-11 所示，然后执行如下指令开始编译。

```
catkin_make
```

执行这条指令之后，会出现滚动的编译信息，直到出现 "［100%］Built target tf_ listener" 信息，说明新的 tf_listener 节点已经编译成功。

图 4-11　代码文件编译

如图 4-12 所示，在终端程序中输入以下指令，启动节点管理器。

```
cd
roscore
```

图 4-12　启动节点管理器

从 Ubuntu 桌面左侧的收藏夹中用鼠标右键单击"终端"图标，在弹出的菜单中选择"新建窗口"，启动第二个终端程序（也可以通过同时按下快捷键<Ctrl+Alt+T>来启动）。在终端程序中输入以下指令，运行 tf_test_pkg 功能包中的 tf_broadcaster 节点。

```
rosrun tf_test_pkg tf_broadcaster
```

从 Ubuntu 桌面左侧的收藏夹中用鼠标右键单击"终端"图标，在弹出的菜单中选择"新建窗口"，启动第三个终端程序（也可以通过同时按下快捷键<Ctrl+Alt+T>来启动）。在终端程序中输入以下指令：

```
rosrun tf_test_pkg tf_listener
```

按下<Enter>键后，如图 4-13 所示，可以看到在 base_laser 坐标系中的位置为（0.3，0，0）的点，在经过坐标变换后，在 base_link 坐标系中的位置为（0.4，0，0.2），而 base_laser 坐标系原点在 base_link 坐标系中的位置为（0.1，0，0.2）。

可以通过指令查看 ROS 的节点网络情况。从 Ubuntu 桌面左侧的启动栏里单击"终端"图标，启动第四个终端程序（也可以通过同时按下快捷键<Ctrl+Alt+T>来启动）。输入以下指令：

```
rqt_graph
```

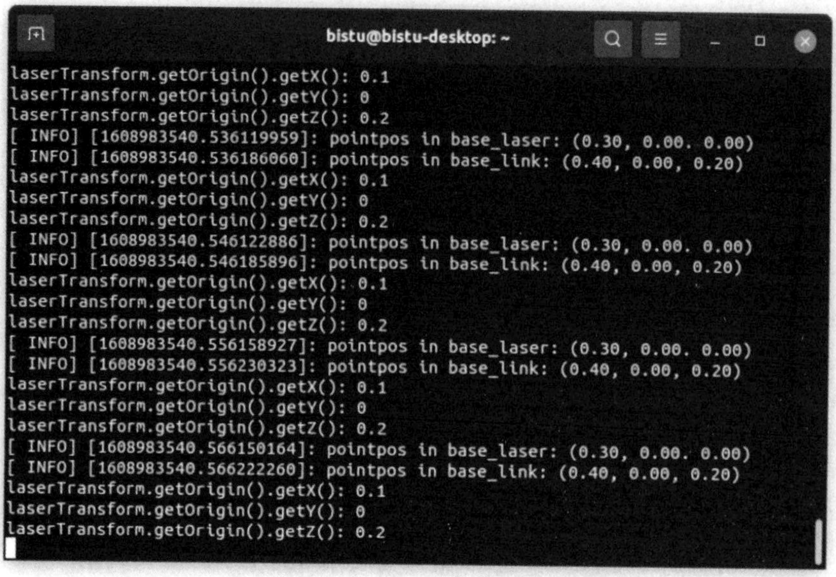

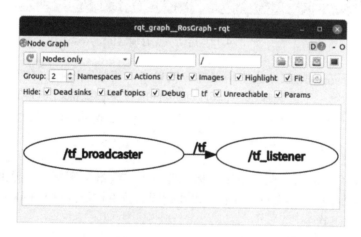

图 4-13　坐标变换结果输出

按下<Enter>键，便会弹出一个窗口，如图 4-14 所示，显示当前 ROS 里的节点网络情况。

图 4-14　节点网络情况

可以看到，编写的 tf_broadcaster 节点通过主题"/tf"向 tf_listener 节点发送消息包。tf_listener 节点获得消息后，将坐标变换前后的结果发送到终端界面显示。

可以通过指令查看 TF 树状结构图。从 Ubuntu 桌面左侧的启动栏里单击"终端"图标，启动第五个终端程序（也可以通过同时按下快捷键<Ctrl+Alt+T>来启动）。输入以下指令：

```
rosrun rqt_tf_tree rqt_tf_tree
```

按下<Enter>键，便会弹出一个窗口，如图4-15所示，显示当前ROS里的TF树状结构情况。

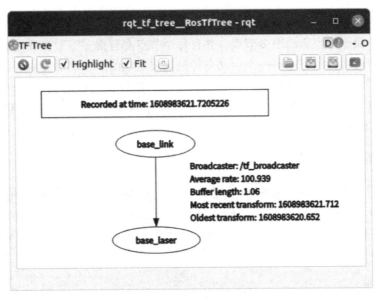

图4-15 TF 树状结构情况

可以通过指令输出两个坐标系的坐标变换。从 Ubuntu 桌面左侧的启动栏里单击"终端"图标，启动第六个终端程序（也可以通过同时按下快捷键<Ctrl+Alt+T>来启动）。输入以下指令：

```
rosrun tf tf_echo /base_link base_laser
```

按下<Enter>键，便会弹出一个窗口，如图4-16所示，显示当前 ROS 中的 base_link 和 base_laser 两个坐标系之间的坐标变换。

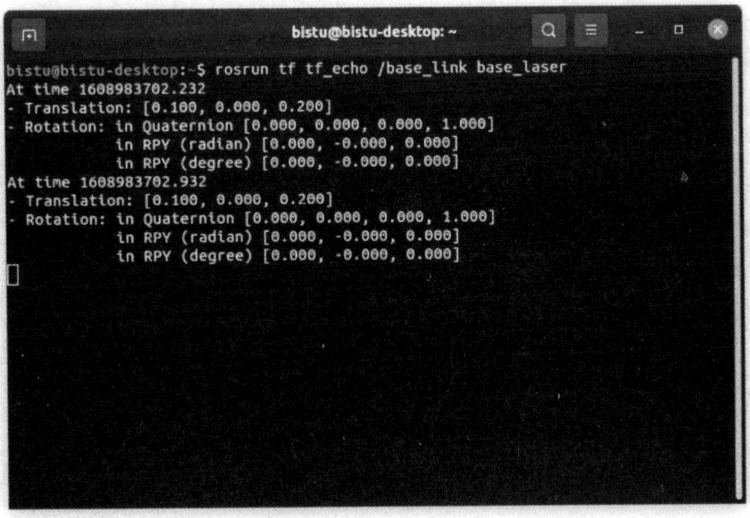

图4-16 两个坐标系之间的坐标变换

4.2　启动文件

通常机器人在完成一项复杂的任务时，先通过 roscore 命令启用 ros master，再新开终端程序，用 rosrun 命令逐个启动很多节点，并且每个节点都有很多参数需要设置，这样一个一个地启动节点费时费力。可以写一个启动文件把需要启动的节点和需要设置的参数都包括进去，启动文件是 XML 文件，以 .launch 作为扩展名，这样就可以通过 roslaunch 命令一次性地启动多个节点并设置多个参数，且不需要提前执行 roscore 命令；一般把启动文件存储在取名为 launch 的文件夹中。

4.2.1　编写 launch 文件

下面列出了 3 条指令，先在终端通过 roscore 启用 ros master，然后在第二个终端输入 rosrun turtlesim turtlesim_node 启用小乌龟，再在第三个终端输入 rosrun turtlesim turtle_teleop_key 启用键盘控制。执行完 3 条指令后，就可以用键盘的方向键控制小乌龟的移动或转向了。

```
roscore
rosrun turtlesim turtlesim_node
rosrun turtlesim turtle_teleop_key
```

接下来，将上面 3 条指令打包成一个 launch 文件。

（1）需要新建一个 ROS 功能包。在 Ubuntu 里打开一个终端程序，输入如下指令进入 ROS 工作空间。

```
cd catkin_ws/src/
```

按下<Enter>键之后，即可进入 ROS 工作空间，然后输入如下指令新建一个 ROS 功能包。

```
catkin_create_pkg launch_test_pkg
```

按下<Enter>键后，可以看到如图 4-17 所示信息，表示新的功能包创建成功。

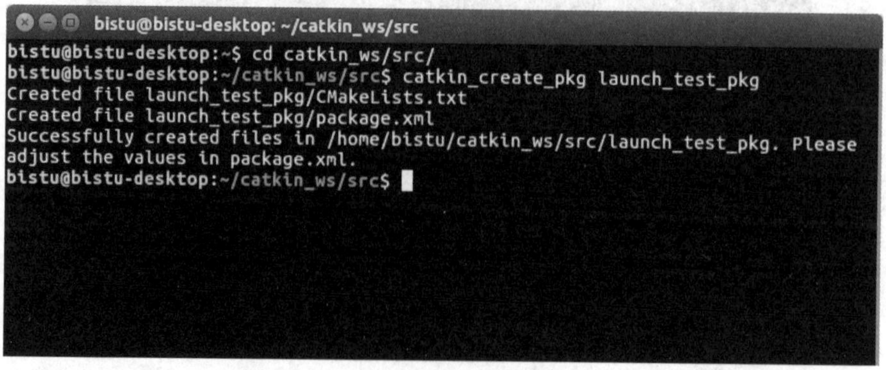

图 4-17　创建功能包

（2）在 launch_test_pkg 目录下，输入如下指令，新建 launch 文件夹。

```
cd launch_test_pkg
mkdir launch
```

进入 launch 文件夹，输入如下指令，新建 turtle_key_control.launch 文件。

```
cd launch
touch turtle_key_control.launch
```

（3）输入如下指令，用文本编辑器打开新创建的 launch 文件。

```
gedit turtle_key_control.launch
```

输入如下代码并保存。

```
<launch>
    <node pkg="turtlesim" name="turtle1" type="turtlesim_node"/>
    <node pkg="turtlesim" name="turtle1_key" type="turtle_teleop_
key"/>
</launch>
```

上面是 launch 文件比较小的例子。launch 文件开头是以<launch>为标签，以/launch>为结尾。而中间部分就是编写要启动的节点，是以<node>开始，以/结束，其中：

1）pkg="turtlesim"，这是要启动的节点所在的包。

2）name="turtle1"或 name="turtle1_key"，这是节点的名字。

3）type="turtlesim_node"或 type="turtle_teleop_key"，这是编写的节点.cpp 程序通过编译生成的可执行文件的名字。最初编译.cpp 程序的时候要在 CMakeLists.txt 添加.cpp 程序编译的设置，这个可执行文件的名字在 CMakeLists.txt 中就可以找到。

（4）下面开始进行代码文件的编译操作，启动一个终端程序，输入如下指令进入 ROS 的工作空间。

```
cd
cd catkin_ws/
```

如图 4-18 所示，然后执行如下指令开始编译。

```
catkin_make
```

（5）输入如下指令，返回到工作空间根目录，启动 launch 文件。

```
cd
roslaunch launch_test_pkg turtle_key_control.launch
```

在弹出的终端中，可以通过方向键来控制如图 4-19 所示运动仿真界面中小乌龟的移动或转向了。注意鼠标指针必须位于键盘控制终端页面，否则小乌龟无法移动。

图 4-18　代码文件编译

104

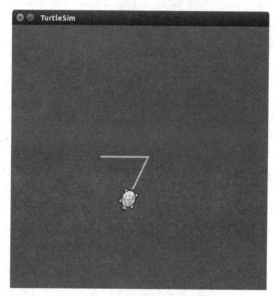

图 4-19　小乌龟运动仿真界面

4.2.2　Launch 文件解析

上节中编写的 turtle_key_control. launch 文件采用 XML 的形式进行描述，包含一个根元素<launch>和两个节点元素<node>。

Launch 文件中的根元素采用<launch>标签定义，文件中的其他内容都必须包含在这个标签中。

```
<launch>
    ...
</launch>
```

实际应用中的 launch 文件往往会比较复杂，例如一个启动机器人的 launch 文件代码如下：

```
<launch>

    <node pkg="mrobot_bringup"name="mrobot_bringup"type="mrobot_
bringup"output="screen"/>

    <arg name="urdf_file"default="$(find xacro)/xacro--inorder'
$(find mrobot_description)/urdf/mrobot_with_rplidar.urdf.xacro'"/>
    <param name="robot_description"command="$(arg urdf_file)"/>

    <node name="joint_state_publisher" pkg="joint_state_
publisher"type="joint_state_publisher"/>

    <node pkg="robot_state_publisher" name="state_publisher"
type="robot_state_publisher">
    <param name="publish_frequency"type="double"value="5.0"/>
</node>
<node pkg="tf" name="base2laser" type="static_transform_
publisher"args="0 0 0 0 0 0 1 /base_link /laser 50"/>

    <node pkg="robot_pose_ekf"name="robot_pose_ekf"type="robot_pose_
ekf">
        <remap from="robot_pose_ekf/odom_combined"to="odom_com-
bined"/>
        <param name="freq"value="10.0"/>
        <param name="sensor_timeout"value="1.0"/>
        <param name="publish_tf"value="true"/>
        <param name="odom_used"value="true"/>
        <param name="imu_used"value="false"/>
        <param name="vo_used"value="false"/>
        <param name="output_frame"value="odom"/>
    </node>
    <include file="$(find mrobot_bringup)/launch/rplidar.launch"/>
</launch>
```

从上面的 launch 文件内容可以看出，除了<launch>标签，还包括<node>、<param>、<rosparam>、<arg>、<remap>、<include>这些常用的标签。

1. <node>标签

<node>标签是 launch 文件里最常见的标签。其语法如下：

```
<node pkg="pkg-name" name="node-name" type="executable-name"
output="log|screen"/>
```

每个<node>标签里包括了 3 个必须属性 pkg、name 和 type，pkg 属性定义节点所在的功能包名称，name 属性定义节点运行的名称，将覆盖节点中 ros::init() 定义的节点名称，type 属性定义节点的可执行文件名称。

在节点标签末尾的斜杠"/"是必须的，表示结束标签。如果<node>标签内包含有子标签，例如<remap>或者<param>标签，就需要用显示标签来定义，即末尾使用</node>。

除了上面列出的 3 个必须属性外，还有其他几个可选属性供选择。

（1）输出属性 output="log|screen"：如果选择 log，则 stdout（标准输出）和 stderr（标准错误）信息将发送到一个 log 文件，stderr 也会显示在屏幕上；如果选择 screen，则节点的 stdout 和 stderr 信息将显示在屏幕上。

（2）复位属性 respawn="true"：当启动完所有请求启动的节点之后，roslaunch 会监测每一个节点，保证它们正常的运行状态。当该节点因为软件崩溃或硬件故障以及其他原因导致过早退出系统而停止的时候，roslaunch 会重新启动复位属性选择为 true 的节点。

（3）必要属性 required="true"：当被此属性标记的节点终止时，roslaunch 会一并终止所有其他运行的节点并退出。注意此属性不可以与 respawn="true"一起描述同一个节点。

（4）命名空间属性 ns="namespace"：在自定义的命名空间里运行节点，同一个 launch 文件中，允许不同 namespace 中出现相同的节点。

（5）参数属性 args="arguments"：表示节点需要的输入参数。

（6）命令前缀属性 launch-prefix="command-prefix"：与 rosrun 命令不同，使用 roslaunch 命令启动多个节点时，所有的节点共享同一个终端。对于那些需要从终端输入的节点，可以使用 launch-prefix 属性。例如 turtle_teleop_key 节点，需要保留在独立的终端上。这时使用 launch-prefix="xterm-e"，xterm 命令表示创建一个新的终端窗口。-e 参数表示执行其命令行剩余部分。启动这个节点的 rosrun 命令相当于：xterm-e rosrun turtlesim turtle_teleop_key。

2. <param>标签

<param>标签的作用相当于命令行中的 rosparam set，用于在参数服务器中设置一个指定名称的参数值。其语法如下：

```
<param name="param-name" value="param-value"/>
```

比如在参数服务器中添加一个名为 freq，值为 10.0 的参数。

```
<param name="freq" value="10.0"/>
```

运行 launch 文件后，freq 这个 parameter 的值设为 10.0，并加载到了参数服务器上，每个活跃的节点都可以通过 ros::param::get() 函数来获取 parameter 的值，用户也可以在终端通过 rosparam 命令来获得 parameter 的值。

3. <rosparam>标签

<rosparam>标签的作用相当于命令行中的 rosparam load，用于一次性将一个 yaml 类型文件中的全部参数加载到参数服务器中。其语法如下：

```
<rosparam command="load"value="path-to-param-file"/>
```

其中 command 的属性设置为 load，file 是 yaml 类型。

4. <arg>标签

<arg>标签用来在 launch 文件中定义参数。其语法如下：

```
<arg name="arg-name"default="arg-value"/>
```

<arg>和<param>在 ROS 里有根本性的区别，就像局部变量和全局变量的区别一样。<arg>不储存在参数服务器中，不能提供给节点使用，只能在 launch 文件中使用。<param>则是储存在参数服务器中，可以被节点使用。

在声明参数之后，还需要给参数赋值。例如：

```
<arg name="demo"value="123"/>
<arg name="demo"default="123"/>
```

以上是两种简单的赋值方法，两者的区别是使用后者赋值的参数可以在命令行中像下面这样被修改，前者则不行。如果强行修改前者的 value，系统就会报错。

```
roslaunch pkg-name launch-file-name demo:=456
```

<arg>标签还有更加高级，也更加灵活的用法：$（arg arg_name）。当 $（arg arg_name）出现在 launch 文件任意位置时，将会自动替代为所给参数的值。

5. <remap>标签

<remap>标签顾名思义重映射，简单来说就是替换。其语法如下：

```
<remap from="orig-topic-name"to="new-topic-name"/>
```

<remap>标签里包含一个 orig_topic_name 和一个 new_topic_name，即原名称和新名称。比如有一个节点，这个节点订阅了"/chatter"主题，然而写的节点只能发布到"/demo/chatter"主题，由于这两个主题的消息类型是一致的，要想让这两个节点进行通信，那么可以在 launch 文件中写成：

```
<remap from="chatter"to="demo/chatter"/>
```

这样就可以直接把"/chatter"主题重映射到"/demo/chatter"，后面不用修改任何代码，就可以让两个节点进行通信。如果这个<remap>标签写在与<node>标签的同一级，而且在<launch>标签内的最顶层，那么这个重映射将会作用于 launch 文件中所有的节点。

6. <include>标签

<include>标签的作用和 C 语言中的 include 类似，可以在当前 launch 文件中调用其他 launch 文件，这样就可以直接使用其他 launch 文件中的内容。其语法如下：

```
<include file=" $ (find pkg-name)/launch/launch-file-name" ns="
namespace"/>
```

由于直接输入 launch 文件路径信息很容易出错，所以通常使用 find 命令搜索功能包的位置来替代直接输入路径。

4.3　Gazebo 仿真

Gazebo 是内置物理引擎的动力学仿真软件，不仅能够在三维环境中对机器人的运动功能进行仿真，而且可以对机器人传感器数据进行仿真，产生实际传感器反馈以及物体之间的物理响应。在 ROS 中直接集成了 Gazebo，虽然 Gazebo 可以独立于 ROS 运行，但大多数仿真应用下两者都是同时出现的。

如果已安装了 full 版本的 ROS，则不需要再安装 Gazebo。通过在命令行输入命令：dpkg-l | grep gazebo，可以查找 Gazebo 是否已经安装，并且查看版本号，如图 4-20 所示。在 noetic 版本的 ROS 下，默认安装版本为 Gazebo 11。

图 4-20　查看 Gazebo 版本

4.3.1　开源项目的下载

下面通过一个开源的机器人仿真项目来介绍 Gazebo。这个开源项目的工程名为 wpr_simulation，项目网址：https://github.com/6-robot/wpr_simulation。

下载这个工程的源代码需要用到一个叫 Git 的工具，可以通过如下指令进行安装。

```
sudo apt-get install git
```

接下来，从 Ubuntu 桌面左侧的收藏夹中用鼠标右键单击"终端"图标，启动终端程序（也可以通过同时按下快捷键<Ctrl+Alt+T>来启动），如图 4-21 所示，输入如下指令下载项目源代码。

```
cd catkin_ws/src
git clone https://github.com/6-robot/wpr_simulation.git
```

其中 catkin_ws 为 ROS 的工作空间，请根据计算机的环境设置进行修改。这个项目的源代码是从 Github 网站下载的，所以下载过程需要连接互联网。

下载完毕后，可以在主文件夹的 catkin_ws 的 src 子目录中找到一个 wpr_simulation 文件夹，这就是刚下载的工程源代码。回到终端程序，执行如下指令：

图 4-21 开源项目源代码下载

~/catkin_ws/src/wpr_simulation/scripts/install_for_noetic.sh

按提示输入管理员密码，便会自动安装相关的依赖项。安装完所有依赖项后，继续执行如下指令：

```
sudo apt-get install ros-noetic-navigation
```

按提示输入管理员密码，便会自动安装 navigation 包。安装完成后，如图 4-22 所示，运行如下指令进行源代码工程的编译。

```
cd~/catkin_ws
catkin_make
```

图 4-22 源代码工程编译

执行编译指令之后，会出现滚动的编译信息，直到出现"［100％］Built target wpr_plu-gin"信息，说明新的源代码工程已经编译成功，如图 4-23 所示。

图 4-23　源代码工程编译成功

4.3.2　启动仿真软件

通过在终端执行以下指令启动 Gazebo，并加载机器人和环境模型。

```
roslaunch wpr_simulation wpb_simple.launch
```

这里的 wpr_simulation 功能包是在 4.3.1 节已经提前下载的。如图 4-24 所示，可使用如下指令查看其所在的文件夹位置。

图 4-24　查看 wpr_simulation 功能包位置

如图 4-25 所示，Gazebo 仿真软件界面可分为场景、菜单栏、左面板、右面板、工具栏和时间显示区共 6 个区域。

1. 场景

在软件界面中，中间机器人和环境模型显示的区域称为场景。在这里，用户可以操作机器人，使其与周围环境进行交互。

2. 菜单栏

Gazebo 顶部有一个应用程序菜单栏，包含 File、Edit、Camera、View、Window、Help 共6 个菜单。同时，在场景中，用鼠标右键单击可出现上下文菜单选项。

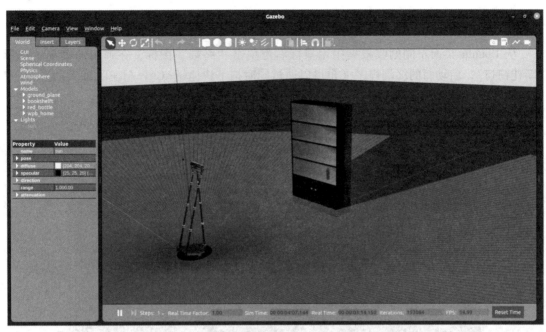

图4-25　Gazebo仿真软件界面

3. 左面板

Gazebo仿真软件界面中左、右两侧区域各有一个面板，左面板默认显示，右面板默认隐藏。如图4-25所示，左面板中有3个选项卡。

（1）World选项卡显示当前场景中模型的参数，并允许修改模型参数。也可以通过GUI选项调整相机的姿势来改变相机的视角。在Models选项下，可以看到场景中有ground_plane、bookshelf、red_bottle、wpb_home共4种仿真模型组成。

（2）Insert选项卡用于向仿真场景中添加新模型。在要插入的模型上单击，然后在场景中再次单击便可以添加指定的模型。

（3）Layers选项卡是一个可选功能，在大多数情况下这个选项卡是空的。

4. 工具栏

场景的上方对应一组工具栏，包含一些最常用的交互选项，如图4-26所示。例如：选择、移动、旋转和缩放对象等工具；创建立方体、球体、圆柱体等工具；复制、粘贴、改变观测角度等工具。

图4-26　工具栏

5. 时间显示区

场景的下方有一个时间显示区，显示有关模拟的数据，如模拟时间及其与实际时间的关系，如图4-27所示。

II ▶I Steps: 1 ▾ Real Time Factor: 1.00　Sim Time: 00 00:00:42.150 Real Time: 00 00:00:42.850 Iterations: 4215　FPS: 44.0859　Reset Time

图4-27　时间显示区

4.3.3 启动键盘控制

从 Ubuntu 桌面左侧的收藏夹中用鼠标右键单击"终端"图标，在弹出的菜单中选择"新建窗口"，启动新的终端程序（也可以通过同时按下快捷键<Ctrl+Alt+T>来启动）。在终端中输入以下指令启动键盘控制，如图 4-28 所示。

```
rosrun wpr_simulation keyboard_vel_ctrl
```

图 4-28 键盘控制终端

采用键盘控制机器人，机器人开始移动。注意鼠标指针必须位于键盘控制终端页面，否则机器人无法移动。

键盘控制各个按键介绍如下：

w-控制机器人向前运动；

a-控制机器人向左运动；

q-控制机器人左旋加速；

空格-强制停止机器人运动；

s-控制机器人向后运动；

d-控制机器人向右运动；

e-控制机器人右旋加速；

x-退出终端。

4.4 Rviz 三维可视化工具

Rviz 是 ROS 中一款强大的三维可视化工具，可以使用可扩展标记语言（XML）对机器人、周围物体等任何实物进行尺寸、质量、位置、材质、关节等属性的描述，并且在界面中呈现出来；同时 Rviz 通过自身提供的插件可以订阅已经以话题、参数形式发布的数据，并对这些数据进行可视化表达。例如，无需编程就可以表达激光测距传感器中的传感器到障碍物的距离，Kinect 三维距离传感器的点云数据，从摄像头获取的图像值等。

总而言之，Rviz 通过机器人模型参数、发布的传感器信息等数据，为用户提供所有可监测信息的图形化显示。用户也可以在 Rviz 的控制界面下，通过按钮、滑动条、数值等方式，控制机器人的行为。

上节所介绍的 Gazebo 是一个三维物理仿真平台，强调的是创建一个虚拟仿真环境，不仅可以仿真机器人的运动功能，还可以仿真机器人的传感器数据，它不需要数据，而是产生数据，这些数据可以放到 Rviz 中显示。如果没有实体机器人或实验环境难以搭建，Gazebo

可以和 Rviz 配合使用，实现一些算法、应用的测试；当已有实体机器人时，就可以单独使用 Rviz 实现数据的可视化表达。

4.4.1 开源项目的下载

从 Ubuntu 桌面左侧的收藏夹中用鼠标右键单击"终端"图标，启动终端程序（也可以通过同时按下快捷键<Ctrl+Alt+T>来启动），如图 4-29 所示，输入如下指令下载项目源代码。

```
cd catkin_ws/src
git clone https://github.com/6-robot/wpb_home.git
```

图 4-29 开源项目源代码下载

下载完毕后，可以在主文件夹的 catkin_ws 的 src 子目录中找到一个 wpr_home 文件夹，这就是刚下载的工程源代码。回到终端程序，执行如下指令：

```
sudo apt-get install ros-noetic-joy
```

按提示输入管理员密码，便会自动安装 joy 包。安装完成后，继续执行如下指令：

```
sudo apt-get install ros-noetic-sound-play
```

按提示输入管理员密码，便会自动安装 sound-play 包。安装完成后，运行如下指令进行源代码工程的编译，如图 4-30 所示。

图 4-30 源代码工程编译

```
cd
cd  catkin_ws
catkin_make
```

执行编译指令之后，会出现滚动的编译信息，直到出现"［100%］Built target wpb_home_follow"信息，说明新的源代码工程已经编译成功，如图 4-31 所示。

图 4-31　源代码工程编译成功

4.4.2　启动 Rviz 可视化工具

通过在终端执行以下指令启动 Gazebo，并加载机器人和环境模型。

```
roslaunch wpr_simulation wpb_simple.launch
```

保持启动的 Gazebo 仿真环境不关闭，从 Ubuntu 桌面左侧的收藏夹中用鼠标右键单击"终端"图标，在弹出的菜单中选择"新建窗口"，启动第二个终端程序（也可以通过同时按下快捷键<Ctrl+Alt+T>来启动）。在终端中输入以下指令，运行 Rviz 节点。

```
roslaunch wpr_simulation wpb_rviz.launch
```

运行指令后，就会弹出 ROS 标配的图形显示界面 Rviz，里面显示的就是仿真环境中的虚拟机器人所感知到的各种数据。

启动后的 Rviz 窗口主界面如图 4-32 所示。从图中可以看出，主界面可分为菜单栏、工具栏、左面板-显示设置区、视图显示区、时间显示区共 5 个区域。

1. 菜单栏

菜单栏由 File、Panels、Help 共 3 个菜单组成。

2. 工具栏

提供视角控制、目标设置、发布地点等几个和导航相关的工具。

3. 左面板-显示设置区

用于显示当前选择的显示插件，可以配置每个插件的属性。

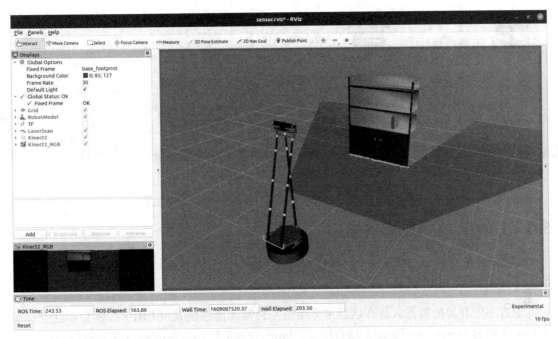

图 4-32　Rviz 窗口主界面

4. 视图显示区

在软件界面中，中间蓝色区域为机器人和数据可视化显示的视图显示区，目前图中显示机器人和观测到的书橱。

5. 时间显示区

显示当前的系统时间和 ROS 时间。

4.5　本章小结

本章主要介绍在 ROS 环境下常用的 4 种工具，分别是坐标变换、启动文件、Gazebo 仿真、Rviz 三维可视化。坐标变换工具可以根据时间缓冲实时维护多个参考系之间的坐标变换关系；启动文件配合 roslaunch 命令可以一次性启动多个节点并设置多个参数；Gazebo 是一种最常用的 ROS 仿真工具，能够对机器人的运动功能和传感器数据进行仿真，产生实际传感器反馈以及物体之间的物理响应；Rviz 是可视化工具，可以将接收到的信息图形化显示。熟练使用这 4 款工具对于利用 ROS 进行机器人开发有极大的帮助。

第 5 章

机器人建模与运动仿真

5.1 URDF 的物理模型描述

5.1.1 开源项目示例

通过一个开源的机器人仿真项目来介绍统一机器人描述格式（URDF）模型。这个开源项目的工程名为 wpr_simulation，项目网址：https://github.com/6-robot/wpr_simulation。

如图 5-1 所示，在终端程序里输入如下指令进行工程源代码的下载（如果已在第 4 章下载，这里不再重复下载）。

```
cd catkin_ws/src
git clone https://github.com/6-robot/wpr_simulation.git
```

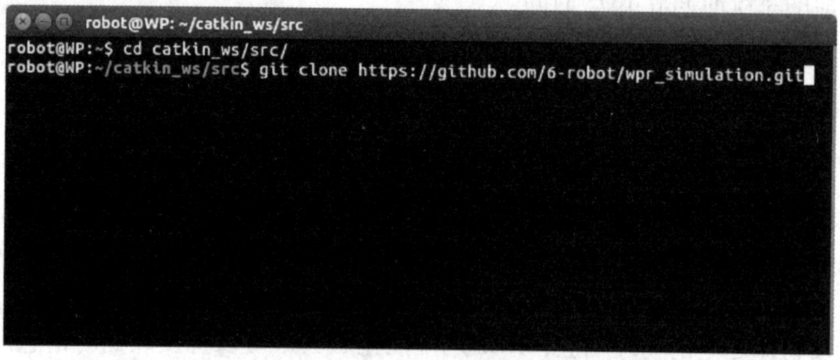

图 5-1　源代码下载

下载完毕后，可以在主文件夹的 catkin_ws 的 src 子目录中找到一个 wpr_simulation 文件夹，这就是刚下载的工程源代码。回到终端程序，继续执行如下指令，如图 5-2 所示。

```
~/catkin_ws/src/wpr_simulation/scripts/install_for_noetic.sh
```

按提示输入管理员密码，便会自动安装相关的依赖项。安装完所有依赖项后，在终端程序里执行如下指令，完成对开源项目的编译，如图 5-3 所示。

图 5-2 安装依赖项

```
cd ~/catkin_ws
catkin_make
```

图 5-3 文件编译

5.1.2 URDF 的结构与惯性描述

在 ROS 中,机器人的三维模型是通过 URDF 文件进行描述的。统一机器人描述格式 (Unified Robot Description Format, URDF) 是一种基于 XML 规范扩展出来的文本格式。

从机构学角度讲,机器人通常被分解为由连杆和关节组成的结构。连杆是带有质量属性的刚体,而关节是连接和限制两个刚体相对运动的结构,也被称为"运动副"。通过关节将连杆依次连接起来,就构成了一个个运动链,也就是机器人的机构模型。而 URDF 就是用来描述这一系列关节与连杆的相对关系的工具。除此之外,还包括惯性属性、几何特点和碰撞模型等一系列附加参数。

在 URDF 文件中,通常存在一个<robot>根节点,在这个根节点之下是一连串的<joint>和<link>子节点。其中<joint>对应关节,<link>对应连杆。这些<joint>和<link>组合在一起,就形成了机器人的完整模型。其中<joint>仅起到连接作用,内部参数相对固定。而<link>通常会对应机器人的某个零部件,所以参数比较丰富,比如惯性属性、几何特点和碰撞模型等参数一般都放置在<link>中进行描述。

在 wpr_ simulation 这个开源工程中，机器人的 URDF 模型文件放置在 models 子目录中。这里以其中 wpb_ home. model 模型文件的第 20 行至第 52 行代码为例，详细讲解 URDF 中对机器人模型的结构描述。

```
<link name="base_link">
  <visual>
  <geometry>
    <box size="0.01 0.01 0.001"/>
  </geometry>
  <origin rpy="0 0 0"xyz="0 0 0"/>
  </visual>
</link>

<link name="body_link">
  <visual>
    <geometry>
      <mesh filename="package://wpr_simulation/meshes/wpb_home/
wpb_home_std.dae"scale="1 1 1"/>
    </geometry>
    <origin rpy="1.57 0 1.57"xyz="-.225-0.225 0"/>
  </visual>
  <collision>
    <geometry>
      <cylinder length="0.13"radius="0.226"/>
    </geometry>
    <origin xyz="0.001 0.065"rpy="0 0 0"/>
  </collision>
  <inertial>
    <mass value="20"/>
    <inertia ixx="4.00538"ixy="0.0"ixz="0.0"iyy="4.00538"iyz="
0.0"izz="0.51076"/>
  </inertial>
</link>

<joint name="base_to_body"type="fixed">
  <parent link="base_link"/>
  <child link="body_link"/>
  <origin rpy="0 0 0"xyz="0 0 0"/>
</joint>
```

118

这段代码中包含了两个<link>和一个<joint>。

1. base_link

（1）visual/geometry。base_link 在仿真视图里显示的三维模型。这里设置为<box size = "0.01 0.01 0.001"/>表示一个长宽为 1cm，高度为 1mm 的扁方块，体积很小，主要是为了在三维视图里标记机器人的坐标原点位置。

（2）visual/origin。geometry 中的三维模型在 base_link 原点坐标系中的位置。其中 rpy 分别表示"roll pitch yaw"即滚转、俯仰和旋转，这 3 个值单位为弧度。xyz 分别表示 geometry 中的三维模型相对于 base_link 坐标原点的偏移量，单位是米。

2. body_link

（1）visual/geometry。body_link 在仿真视图里显示的模型。与 base_link 中使用 box 模型不同，这里使用的是一个 wpb_home_std.dae 三维模型文件，这个三维模型就是后面仿真过程中显示在仿真视图里的机器人外观模型。由此可见，body_link 的主要作用就是用来加载机器人的显示模型。

（2）visual/origin。geometry 中的三维模型在 body_link 原点坐标系中的位置。与 base_link 中定义的一样，rpy 分别表示"roll pitch yaw"即滚转、俯仰和旋转，这 3 个值单位为弧度。xyz 分别表示 geometry 中的模型相对于 base_link 坐标原点的偏移量，单位是米。在进行机器人三维模型的格式转换中，因为转换工具的原因常常出现原点坐标的变化。通过这里的两组参数的调整，就可以把偏移后的机器人模型重新拉回坐标原点进行显示。

（3）collision/geometry。body_link 在仿真环境中绑定的三维碰撞模型。与 visual/geometry 类似，这个模型也可以用一个跟机器人外观一样的三维模型文件来描述。但是在实际应用中，为了降低仿真过程中碰撞检测的计算量，提高仿真性能，通常会使用一个简化的三维模型来描述。这里就使用了一个 cylinder 圆柱体来作为 body_link 的碰撞模型。这个圆柱体高 0.13m，半径 0.226m，正好是机器人底盘的大致形状（机器人的上半身的碰撞模型则在其他<link>里进行描述）。

（4）collision/origin。碰撞模型在 body_link 原点坐标系中的位置。与 visual/origin 中定义的一样，rpy 分别表示"roll pitch yaw"即滚转、俯仰和旋转，这 3 个值单位为弧度。xyz 分别表示 geometry 中的模型相对于 base_link 坐标原点的偏移量，单位是米。通过调整这组数值，可以将碰撞模型和显示的机器人外观模型重合在一起，精确模拟机器人和环境道具的碰撞。

（5）inertial/mass。body_link 所对应的机器人部件的质量，单位是千克。这里取值 20 表示机器人底盘重量是 20kg。

（6）inertial/inertia。body_link 所对应的机器人部件的惯性张量。其数学描述如下：

$$I = \begin{bmatrix} I_{xx} & I_{xy} & I_{xz} \\ I_{yx} & I_{yy} & I_{yz} \\ I_{zx} & I_{zy} & I_{zz} \end{bmatrix}$$

机器人零件的形状尺寸和质量都会对矩阵中的数值产生影响，可以根据机器人零件的形状，检索相应的公式进行计算。由于这个矩阵是一个对称矩阵，所以在 URDF 文件中，只需要列出其一侧的数值即可。

3. base_to_body

这是一个<joint>，仅仅起到连接两个<link>的作用，所以其参数相对固定。

（1）parent link。关节的父 link，通常是靠近根关节一侧的 link。

（2）child link。关节的子 link，通常是靠近末端关节一侧的 link。

（3）origin。child link 的坐标系在 parent link 坐标系中的姿态。其中 rpy 分别表示 "roll pitch yaw" 即滚转、俯仰和旋转，这 3 个值单位为弧度。xyz 分别表示 child link 的原点位置在 parent link 坐标系中的偏移量，单位为米。

5.1.3 仿真中常用的惯性参数

机器人的零件通常是多个异构特征的集合，要对其进行精确的惯性张量矩阵计算往往是一个相当繁杂的难题。所以在实际应用中通常会将其抽象成一个大致的标准形状，比如长方体、球体、圆锥体和圆柱体，在简化计算的同时，还能提高仿真程序的运行效率。下面就罗列了几种常用的物体模型的惯性张量。

1. 长方体

如图 5-4 所示，高为 h，宽为 w，长为 d，质量为 m 的实心长方体，其惯性张量为

$$I = \begin{bmatrix} \frac{1}{12}m(h^2+d^2) & 0 & 0 \\ 0 & \frac{1}{12}m(w^2+d^2) & 0 \\ 0 & 0 & \frac{1}{12}m(w^2+h^2) \end{bmatrix}$$

2. 球体

如图 5-5 所示，半径为 r，质量为 m 的实心球体，其惯性张量为

$$I = \begin{bmatrix} \frac{2}{5}mr^2 & 0 & 0 \\ 0 & \frac{2}{5}mr^2 & 0 \\ 0 & 0 & \frac{2}{5}mr^2 \end{bmatrix}$$

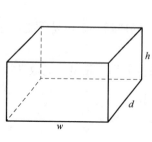

图 5-4　长方体

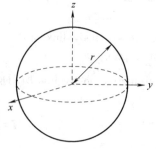

图 5-5　球体

3. 圆锥体

如图 5-6 所示，半径为 r，高为 h，质量为 m 的实心圆锥体，其惯性张量为

$$I = \begin{bmatrix} \dfrac{3}{5}mh^2 + \dfrac{3}{20}mr^2 & 0 & 0 \\[2ex] 0 & \dfrac{3}{5}mh^2 + \dfrac{3}{20}mr^2 & 0 \\[2ex] 0 & 0 & \dfrac{3}{10}mr^2 \end{bmatrix}$$

4. 圆柱体

如图 5-7 所示，半径为 r，高为 h，质量为 m 的实心圆柱体，其惯性张量为

$$I = \begin{bmatrix} \dfrac{1}{12}m(3r^2 + h^2) & 0 & 0 \\[2ex] 0 & \dfrac{1}{12}m(3r^2 + h^2) & 0 \\[2ex] 0 & 0 & \dfrac{1}{2}mr^2 \end{bmatrix}$$

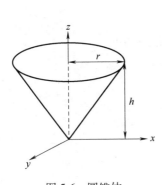

图 5-6　圆锥体

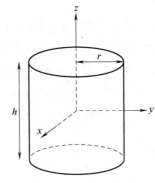

图 5-7　圆柱体

5.2　URDF 的传感器描述

5.2.1　运动底盘仿真参数

wpb_home. model 模型文件包含了一个全向移动底盘的描述，从第 229 行到第 238 行。其内容如下：

```
<gazebo>
  <plugin name="base_controller"filename="libwpr_plugin.so">
    <commandTopic>cmd_vel</commandTopic>
    <publishOdometryTf>true</publishOdometryTf>
    <odometryTopic>odom</odometryTopic>
    <odometryRate>20.0</odometryRate>
    <odometryFrame>odom</odometryFrame>
```

```
        <robotBaseFrame>base_footprint</robotBaseFrame>
      </plugin>
    </gazebo>
```

plugin name：运动底盘插件的名称，filename 是该插件调用的库文件。

commandTopic：向这个仿真底盘发送速度值的 ROS 主题名称。

publishOdometryTf：是否发布里程计信息。

odometryTopic：仿真底盘发布里程计信息的 ROS 主题名称。

odometryRate：里程计发送的频率，单位为赫兹。

odometryFrame：里程计消息包中的里程计坐标系名称。

robotBaseFrame：里程计消息包中的机器人坐标系名称。

5.2.2　激光雷达仿真参数

wpb_home. model 模型文件还包含一个 rplidar A2 的激光雷达描述，从第 241 行到第 271 行。其内容如下：

```
<gazebo reference="laser">
  <sensor type="ray"name="rplidar_sensor">
    <pose>0 0 0.06 0 0 0</pose>
    <visualize>true</visualize>
    <update_rate>10</update_rate>
    <ray>
      <scan>
        <horizontal>
          <samples>360</samples>
          <resolution>1</resolution>
          <min_angle>-3.14159265</min_angle>
          <max_angle>3.14159265</max_angle>
        </horizontal>
      </scan>
      <range>
        <min>0.24</min>
        <max>10.0</max>
        <resolution>0.01</resolution>
      </range>
      <noise>
        <type>gaussian</type>
        <mean>0.0</mean>
        <stddev>0.01</stddev>
      </noise>
```

```
        </ray>
        <plugin name="rplidar_ros_controller"filename="libgazebo_ros_
laser.so">
          <topicName>scan</topicName>
          <frameName>laser</frameName>
        </plugin>
      </sensor>
    </gazebo>
```

gazebo reference：传感器绑定的位置，通常是 URDF 描述中的某一个 link 的名称。

sensor type：描述传感器的探测类型。name 为传感器在 URDF 文件中的标识名称。

pose：传感器相对于绑定的 link 坐标系的三维姿态偏移量。

visualize：激光雷达的射线是否可见。如果设为 true，在仿真过程中就能看到激光雷达射出的蓝色激光射线。

update_rate：仿真数据输出的频率，单位为赫兹。

horizontal：激光雷达的扫描参数。samples 和 resolution 共同描述扫描范围内的射线数量，激光射线数 = samples×resolution。min_angle 和 max_angle 分别描述了激光雷达的扫描起始角度和终止角度。

range：激光雷达的测距范围，单位为米。只有距离在 min 和 max 之间的障碍物能够被激光雷达检测到。resolution 是单束激光的测距分辨率，单位是米。

noise：数据仿真时叠加的动态噪声，模拟真实世界中传感器数据抖动的情况。

plugin name：激光雷达插件的名称，filename 是该插件调用的库文件。

topicName：仿真数据发布的 ROS 主题名称。

frameName：仿真数据包中的 TF 坐标系名称。

5.2.3　立体相机仿真参数

wpb_home.model 模型文件包含一个 Kinect v2 立体相机的描述，描述内容从第 274 行到第 372 行。在 Gazebo 仿真中，将会根据这些描述输出相应的数据。Kinect v2 的描述内容根据输出数据格式分成 3 个部分。

1. SD（深度图像）数据

```
  <gazebo reference="kinect2_head_frame">
    <sensor type="depth"name="kinect2_depth_sensor">
    <always_on>true</always_on>
    <update_rate>10.0</update_rate>
    <camera name="kinect2_depth_sensor">
      <horizontal_fov>1.221730456</horizontal_fov>
      <image>
        <width>512</width>
        <height>424</height>
```

123

```xml
        <format>B8G8R8</format>
    </image>
    <clip>
        <near>0.5</near>
        <far>6.0</far>
    </clip>
    <noise>
        <type>gaussian</type>
        <mean>0.1</mean>
        <stddev>0.07</stddev>
    </noise>
</camera>
<plugin name="kinect2_depth_control" filename="libgazebo_ros_openni_kinect.so">
        <cameraName>kinect2/sd</cameraName>
        <alwaysOn>true</alwaysOn>
        <updateRate>10.0</updateRate>
        <imageTopicName>image_ir_rect</imageTopicName>
        <depthImageTopicName>image_depth_rect</depthImageTopicName>
        <pointCloudTopicName>points</pointCloudTopicName>
        <cameraInfoTopicName>depth_camera_info</cameraInfoTopicName>
        <frameName>kinect2_ir_optical_frame</frameName>
        <pointCloudCutoff>0.5</pointCloudCutoff>
        <pointCloudCutoffMax>6.0</pointCloudCutoffMax>
        <baseline>0.1</baseline>
        <distortionK1>0.0</distortionK1>
        <distortionK2>0.0</distortionK2>
        <distortionK3>0.0</distortionK3>
        <distortionT1>0.0</distortionT1>
        <distortionT2>0.0</distortionT2>
    </plugin>
    </sensor>
  </gazebo>
```

gazebo reference：传感器绑定的位置，通常是 URDF 描述中的某一个 link 的名称。

always_on：是否随着模型的加载自动开启数据输出。

update_rate：仿真数据输出的频率，单位为赫兹。

camera name：仿真相机在 URDF 里的标识名称。

horizontal_fov：相机视野的水平视角，单位为弧度。

image：包含 width、height 和 format 3 个参数，描述输出的深度图像尺寸和数据格式。

clip：深度图像的成像距离范围，单位为米。只有距离在 near 和 far 之间的物体才能在深度图里成像。

noise：数据仿真时叠加的动态噪声，模拟真实世界中传感器数据抖动的情况。

plugin name：深度图插件的名称，filename 是该插件调用的库文件。

cameraName：相机在 ROS 主题中的名称。与前面的相机标识名称不同，这个名称会影响仿真数据发布的 ROS 主题名。它作为前缀，叠加到后面的所有数据的 ROS 主题上。

imageTopicName：深度图像转换成 8 位灰度图的 ROS 主题名。

depthImageTopicName：发布深度图像原始数据的 ROS 主题名。

pointCloudTopicName：发布三维点云的 ROS 主题名。

cameraInfoTopicName：发布深度相机参数信息的 ROS 主题名。

frameName：深度图像和三维点云数据包中的 TF 坐标系名称。

pointCloudCutoff：三维点云的采样范围的近端距离值，单位为米。

pointCloudCutoffMax：三维点云的采样范围的远端距离值，单位为米。

baseline：三维成像的基线距离，单位为米。

distortion：三维成像的畸变参数。

2. HD（高清）彩色图像数据

```xml
<gazebo reference="kinect2_rgb_optical_frame">
    <sensor type="camera"name="kinect2_rgb_sensor">
        <always_on>true</always_on>
        <update_rate>20.0</update_rate>
        <camera name="kinect2_rgb_sensor">
        <horizontal_fov>1.221730456</horizontal_fov>
        <image>
            <width>1920</width>
            <height>1080</height>
            <format>B8G8R8</format>
        </image>
        <clip>
            <near>0.2</near>
            <far>10.0</far>
        </clip>
        <noise>
            <type>gaussian</type>
            <mean>0.0</mean>
            <stddev>0.007</stddev>
        </noise>
    </camera>
```

```
        <plugin name="kinect2_rgb_controller"filename="libgazebo_
ros_camera.so">
            <alwaysOn>true</alwaysOn>
            <update_rate>20.0</update_rate>
            <cameraName>kinect2/hd</cameraName>
            <imageTopicName>image_color_rect</imageTopicName>
            <cameraInfoTopicName>camera_info</cameraInfoTopicName>
            <frameName>kinect2_rgb_optical_frame</frameName>
        </plugin>
    </sensor>
  </gazebo>
```

gazebo reference：传感器绑定的位置，通常是 URDF 描述中的某一个 link 的名称。

always_on：是否随着模型的加载自动开启数据输出。

update_rate：仿真数据输出的频率，单位为赫兹。

camera name：仿真相机在 URDF 里的标识名称。

horizontal_ fov：相机视野的水平视角，单位为弧度。

image：包含 width、height 和 format 3 个参数，描述输出的 HD 彩色图像尺寸和数据格式。

clip：彩色图像的成像距离范围，单位为米。只有距离在 near 和 far 之间的物体才能在彩色图里成像。

noise：数据仿真时叠加的动态噪声，模拟真实世界中传感器数据抖动的情况。

plugin name：深度图插件的名称，filename 是该插件调用的库文件。

cameraName：相机在 ROS 主题中的名称。与前面的相机标识名称不同，这个名称会影响仿真数据发布的 ROS 主题名。它会作为前缀，叠加到后面的所有数据主题上。

imageTopicName：发布 HD 彩色图像的 ROS 主题名。

cameraInfoTopicName：发布 HD 高清相机参数信息的 ROS 主题名。

frameName：HD 彩色图像数据包中的 TF 坐标系名称。

3. QHD（半高清）彩色图像数据

```
<gazebo reference="kinect2_head_frame">
    <sensor type="camera"name="kinect2_qhd_rgb_sensor">
        <always_on>true</always_on>
        <update_rate>20.0</update_rate>
        <camera name="kinect2_qhd_rgb_sensor">
        <horizontal_fov>1.221730456</horizontal_fov>
        <image>
            <width>960</width>
            <height>540</height>
            <format>R8G8B8</format>
```

```
        </image>
        <clip>
            <near>0.2</near>
            <far>10.0</far>
        </clip>
    </camera>
    <plugin name="kinect2_qhd_rgb_controller"filename="libga-
zebo_ros_camera.so">
        <always_On>true</alwaysOn>
        <update_rate>20.0</update_rate>
        <cameraName>kinect2/qhd</cameraName>
        <imageTopicName>image_color_rect</imageTopicName>
        <cameraInfoTopicName>camera_info</cameraInfoTopicName>
        <frameName>kinect2_head_frame</frameName>
    </plugin>
  </sensor>
 </gazebo>
```

gazebo reference：传感器绑定的位置，通常是 URDF 描述中的某一个 link 的名称。

always_on：是否随着模型的加载自动开启数据输出。

update_rate：仿真数据输出的频率，单位为赫兹。

camera name：仿真相机在 URDF 里的标识名称。

horizontal_fov：相机视野的水平视角，单位为弧度。

image：包含 width、height 和 format 3 个参数，描述输出的 QHD 彩色图像尺寸和数据格式。

clip：彩色图像的成像距离范围，单位为米。只有距离在 near 和 far 之间的物体才能在彩色图里成像。

noise：数据仿真时叠加的动态噪声，模拟真实世界中传感器数据抖动的情况。

plugin name：深度图插件的名称，filename 是该插件调用的库文件。

cameraName：相机在 ROS 主题中的名称。与前面的相机标识名称不同，这个名称会影响仿真数据发布的 ROS 主题名。它作为前缀，叠加到后面的所有数据主题上。

imageTopicName：发布 QHD 彩色图像的 ROS 主题名。

cameraInfoTopicName：发布 QHD 高清相机参数信息的 ROS 主题名。

frameName：QHD 彩色图像数据包中的 TF 坐标系名称。

5.3　机器人运动仿真

5.3.1　运动控制仿真示例

通过前面介绍的开源工程 wpr_simulation，可以体验一个简单的运动控制仿真效果。打开一个终端程序，输入如下指令启动一个仿真场景，如图5-8所示。

```
roslaunch wpr_simulation wpb_simple.launch
```

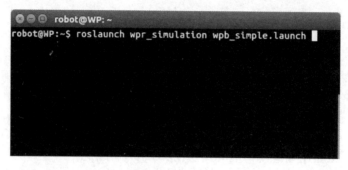

图 5-8　启动程序

启动后会弹出 Gazebo 窗口，如图5-9所示，里面显示一台机器人和一个柜子。

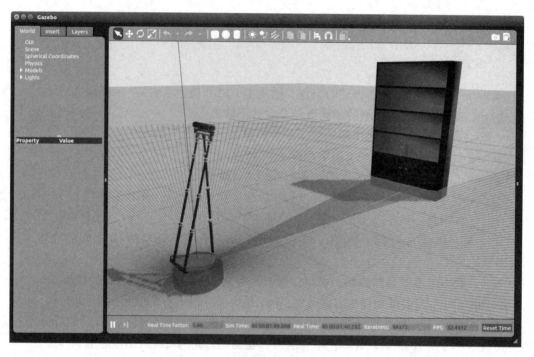

图 5-9　Gazebo 窗口

这是 Gazebo 仿真环境的主界面，可以看到界面的周围有很多的工具按钮和菜单列表，可以让使用者动态地调整仿真的属性参数。

仿真环境运行起来后，下面介绍如何与 ROS 程序进行连接。wpr_simulation 项目中准备了一个简单的速度控制程序作为例子，可以运行起来体验一下。保持刚才启动的仿真环境不关闭，在 Ubuntu 系统中再新打开一个终端程序，如图5-10所示，执行如下指令。

```
rosrun wpr_simulation demo_vel_ctrl
```

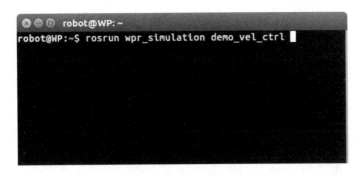

图 5-10　启动程序

　　运行之后，如图 5-11 所示，机器人开始向前缓慢移动，直到撞上柜子。因为这个仿真环境包括了物理仿真的部分，可以看到柜子被撞倒后会像真实世界里的柜子一样翻滚。

　　在使用 demo_vel_ctrl 指令让机器人移动后会出现机器人越跑越远的情况，此时可以在菜单栏 Edit 里选择 Reset Model Poses 便可让机器人回到原来位置。有时候在 Gazebo 仿真环境中会出现柜子倒在地上的情况，这时候在菜单栏 Edit 里选择 Reset World 便可以回到正常状态。但不管使用哪种 Reset 方式，机器人都会处于 demo_vel_ctrl 指令的操控下不断向前移动。若要停止机器人移动只能关闭终端重新启动。

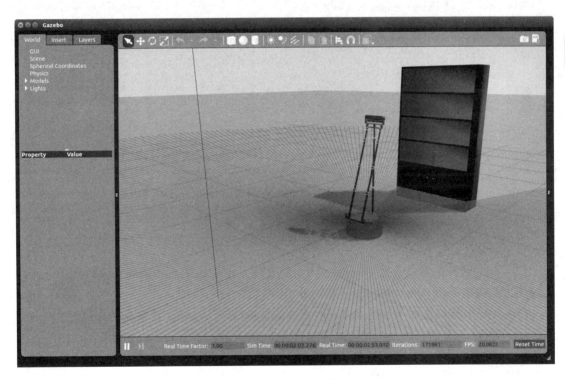

图 5-11　机器人移动

　　终端程序中运行的 demo_vel_ctrl 就是一个简单的 ROS 机器人速度控制程序，它的源代码位置如下：

~/catkin_ws/src/wpr_simulation/src/demo_vel_ctrl.cpp

可以用 Visual Studio Code 之类的 IDE 打开这个源代码文件。

```cpp
#include <ros/ros.h>
#include <geometry_msgs/Twist.h>

int main(int argc,char * * argv)
{
    ros::init(argc,argv,"demo_vel_ctrl");

    ros::NodeHandle n;
    ros::Publisher vel_pub = n.advertise<geometry_msgs::Twist>("/cmd_vel",10);

    while (ros::ok())
    {
        geometry_msgs::Twist vel_cmd;
        vel_cmd.linear.x=0.1;
        vel_cmd.linear.y=0.0;
        vel_cmd.linear.z=0.0;
        vel_cmd.angular.x=0;
        vel_cmd.angular.y=0;
        vel_cmd.angular.z=0;
        vel_pub.publish(vel_cmd);
        ros::spinOnce();
    }

    return 0;
}
```

（1）代码的开始部分，先 include 了两个头文件，一个是 ROS 的系统头文件；另一个是运动速度结构体类型 geometry_msgs::Twist 的定义文件。

（2）ROS 节点的主体函数是 int main(int argc,char * * argv)，其参数定义和其他 C++语言程序一样。

（3）main()函数里，首先调用 ros::init(argc,argv,"demo_vel_ctrl")；进行该节点的初始化操作，函数的第三个参数是节点名称。

（4）接下来声明一个 ros::NodeHandle 对象 n，并用 n 生成一个广播对象 vel_pub，调用的参数里指明了 vel_pub 将会在主题"/cmd_vel"里广播 geometry_msgs::Twist 类型的数据。对机器人的控制就是通过这个广播形式实现的。为什么是往主题"/cmd_vel"里广播数据而不是其他的主题？机器人怎么知道哪个主题里是要执行的速度？

答案是：在 ROS 里有很多约定俗成的习惯，比如激光雷达数据发布主题通常是"/scan"，坐标系变换关系的发布主题通常是"/tf"，所以这里的机器人速度控制主题"/cmd_vel"也是这样一个约定俗成的情况。

（5）为了连续不断地发送速度，使用一个 while（ros::ok（））循环，以 ros::ok（）返回值作为循环结束条件，可以让循环在程序关闭时正常退出。

（6）为了发送速度值，声明一个 geometry_msgs::Twist 类型的对象 vel_cmd，并将速度值赋值到这个对象里。其中：

1）vel_cmd. linear. x 是机器人前后平移运动速度，正值往前，负值往后，单位是 m/s。

2）vel_cmd. linear. y 是机器人左右平移运动速度，正值往左，负值往右，单位是 m/s。

3）vel_ cmd. angular. z（注意 angular）是机器人自转速度，正值左转，负值右转，单位是 rad/s。

4）其他值对启智 ROS 机器人来说没有意义，所以都赋值为零。

（7）vel_cmd 赋值完毕后，使用广播对象 vel_pub 将其发布到主题"/cmd_vel"。机器人的仿真节点会从这个主题接收发过去的速度值，驱动仿真环境中的虚拟机器人进行移动。

（8）调用 ros::spinOnce（）函数给其他回调函数得以执行。

这是一个标准的 ROS 程序，在实体机器人上，它实现的是让机器人以 0.1m/s 的速度往前推进，在这个仿真环境里，也能获得一样的执行效果。

5.3.2　与 ROS 工具的连接

在仿真环境里，是否可以正常地使用 ROS 工具？下面进行实践，启动一个 Rviz 工具，显示机器人采集到的传感器数据。为了省去烦琐的配置工作，这里直接下载一个现成的 ROS 机器人开源代码（如果已在第 4 章下载，这里不再重复下载）。打开一个新的终端程序，输入如下指令，如图 5-12 所示。

```
cd ~/catkin_ws/src/
git clone https://github.com/6-robot/wpb_home.git
```

图 5-12　源代码下载

下载完成后，安装对应的依赖项，如图 5-13 所示。

```
~/catkin_ws/src/wpb_home/wpb_home_bringup/scripts/install_for_
noetic. sh
```

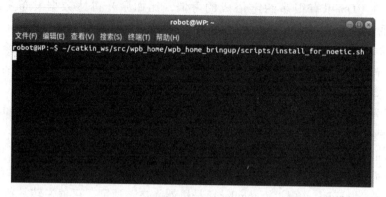

图 5-13　安装依赖项

然后对新工程进行编译，如图 5-14 所示。

```
cd~/catkin_ws
catkin_make
```

图 5-14　文件编译

打开一个终端程序，输入如下指令启动一个仿真场景，如图 5-15 所示。

```
roslaunch wpr_simulation wpb_simple.launch
```

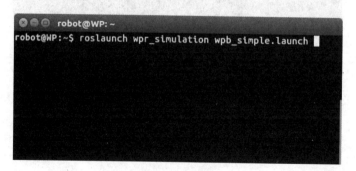

图 5-15　启动程序

启动后会弹出 Gazebo 窗口，里面显示一台机器人和一个柜子，如图 5-16 所示。

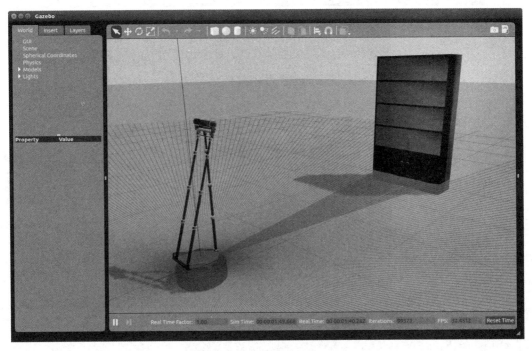

图 5-16　Gazebo 窗口

在 Ubuntu 系统新打开一个终端程序，输入如下指令，如图 5-17 所示。

```
roslaunch wpr_simulation wpb_rviz.launch
```

图 5-17　启动程序

运行指令后，弹出 ROS 的经典图形显示界面 Rviz，如图 5-18 所示，里面显示了仿真环境中的虚拟机器人所感知到的各种数据。

（1）右侧主界面里显示的是机器人头部的立体相机采集到的三维点云。

（2）柜子底部的红色点阵是机器人底盘激光雷达扫描到的障碍物边缘。

图 5-18 彩图

（3）左下角的视频图像是机器人头部彩色相机采集到的数据。

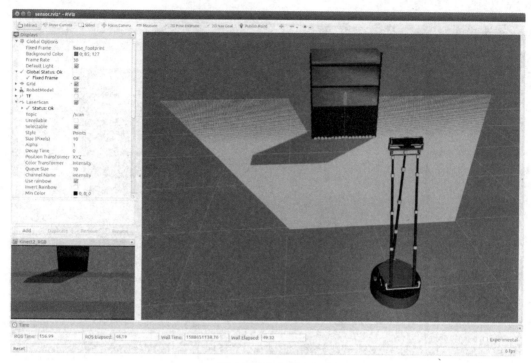

图 5-18　Rviz 界面

在机器人运动的过程中，上述数据都会实时地变化，可以很直观地测试编写的机器人控制程序。

5.3.3　基于传感器的闭环控制仿真示例

下面介绍一个复杂的例子：在一个标准的 ROS 程序里，获取机器人从仿真环境里采集到的数据，再反馈回去控制仿真环境里的虚拟机器人。整个程序的实现思路如图 5-19 所示。

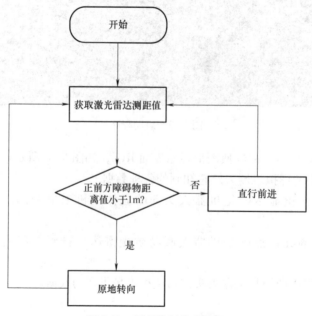

图 5-19　闭环控制仿真流程

从如下地址可以找到这个程序的源代码文件。

```
~/catkin_ws/src/wpb_home/wpb_home_tutorials/src/wpb_home_lidar_
behavior.cpp
```

可以用 Visual Studio Code 之类的 IDE 打开这个源代码文件。

```cpp
#include <ros/ros.h>
#include <std_msgs/String.h>
#include <sensor_msgs/LaserScan.h>
#include <geometry_msgs/Twist.h>

ros::Publisher vel_pub;
static int nCount=0;

void lidarCallback(const sensor_msgs::LaserScan::ConstPtr& scan)
{
    int nNum=scan->ranges.size();
    int nMid=nNum/2;
    float fMidDist=scan->ranges[nMid];
    ROS_INFO("Point[%d]=%f",nMid,fMidDist);

    if (nCount > 0)
    {
        nCount--;
        return;
    }

    geometry_msgs::Twist vel_cmd;
    if (fMidDist > 1.5f)
    {
        vel_cmd.linear.x=0.05;
    }
    else
    {
        vel_cmd.angular.z=0.3;
        nCount=50;
    }
    vel_pub.publish(vel_cmd);
}
```

```
int main(int argc,char * * argv)
{
    ros::init(argc,argv,"wpb_home_lidar_behavior");

    ROS_INFO("wpb_home_lidar_behavior start!");

    ros::NodeHandle nh;
    ros::Subscriber lidar_sub=nh.subscribe("/scan",10,&lidarCallback);
    vel_pub=nh.advertise<geometry_msgs::Twist>("/cmd_vel",10);

    ros::spin();
}
```

源代码解析：

（1）代码的开头 include 4 个头文件：ros. h 是 ROS 的系统头文件；String. h 是字符格式的定义文件，用来做文字输出；LaserScan. h 是激光雷达的数据格式定义文件，用来装载雷达数据；Twist. h 是机器运动速度消息包的格式定义文件。对应的 Twist 消息包格式如下：

File: **geometry_msgs/Twist.msg**

Raw Message Definition

```
# This expresses velocity in free space broken into its linear and angular parts.
Vector3    linear
Vector3    angular
```

其中 linear 是运动控制的线性分量，也就是机器人直线移动的分量；angular 是机器人旋转运动的分量。这两个分量都是 Vector3 类型，其结构定义如下：

File: **geometry_msgs/Vector3.msg**

Raw Message Definition

```
# This represents a vector in free space.
# It is only meant to represent a direction. Therefore, it does not
# make sense to apply a translation to it (e.g., when applying a
# generic rigid transformation to a Vector3, tf2 will only apply the
# rotation). If you want your data to be translatable too, use the
# geometry_msgs/Point message instead.

float64 x
float64 y
float64 z
```

可见 Vector3 类型包含 3 个浮点数：x、y 和 z。对于 linear 来说，x、y 和 z 对应的是沿 x 轴、y 轴和 z 轴方向上的速度分量，分量数值单位为 m/s。对于 angular 来说，x、y 和 z 对应的是以 x 轴、y 轴和 z 轴为旋转轴的旋转速度分量，分量数值单位为 rad/s。

（2）程序接下来定义一个消息发布对象 vel_pub，后面会用这个发布对象向机器人核心节点发送速度控制消息包。因为机器人转向行为需要维持一段时间，才能转到完全避开障碍物的方向，所以这里定义了一个 int 型变量 nCount，用来调整机器人转向动作的时长。

（3）定义一个回调函数 void lidarCallback（），用来处理激光雷达数据。ROS 每接收到一帧激光雷达数据，就会自动调用一次回调函数。雷达的测距数值会以参数的形式传递到这个回调函数里。

（4）在回调函数 void lidarCallback（）中，参数 scan 是一个 sensor_msgs::LaserScan 格式的数据包。其数据格式定义如下：

File: sensor_msgs/LaserScan.msg

Raw Message Definition

```
# Single scan from a planar laser range-finder
#
# If you have another ranging device with different behavior (e.g. a sonar
# array), please find or create a different message, since applications
# will make fairly laser-specific assumptions about this data

Header header              # timestamp in the header is the acquisition time of
                           # the first ray in the scan.
                           #
                           # in frame frame_id, angles are measured around
                           # the positive Z axis (counterclockwise, if Z is up)
                           # with zero angle being forward along the x axis

float32 angle_min          # start angle of the scan [rad]
float32 angle_max          # end angle of the scan [rad]
float32 angle_increment    # angular distance between measurements [rad]

float32 time_increment     # time between measurements [seconds] - if your scanner
                           # is moving, this will be used in interpolating position
                           # of 3d points
float32 scan_time          # time between scans [seconds]

float32 range_min          # minimum range value [m]
float32 range_max          # maximum range value [m]

float32[] ranges           # range data [m] (Note: values < range_min or > range_max should be discarded)
float32[] intensities      # intensity data [device-specific units].  If your
                           # device does not provide intensities, please leave
                           # the array empty.
```

其中 float32[]ranges 数组存放的就是激光雷达的测距数值。启智 ROS 机器人使用的是 RPLIDAR A2 型号激光雷达，其旋转一周测量 360 个距离值，所以在代码里，ranges 是一个有 360 个成员的距离数组。

按照程序逻辑，需要的是机器人正前方的测距数值，根据激光雷达在机器人上的安装位置，激光雷达的扫描角度如图 5-20 所示。

从图 5-20 中可知机器人正前方的激光射线角度为扫描角度范围的中间值，定义一个变量 nNum，用来获取 ranges 数组的成员个数。再定义一个变量 nMid，值为 nNum 的一半，由图 5-20 可知，nMid 对应的激光雷达扫描线序即为机器人正前方的扫描线，以 nMid 作为下标从 ranges 数组里取到的值即为机器人正前方的雷达测距数值，可以将这个测距值保存到变量 fMidDist 中。fMidDist 中的数值为一个小数，数值单位为 "米"。使用 ROS_INFO（）将机器人正前方的雷达测距数值 fMidDist 显示到终端程序里，方便观察和调试。

接下来是对 nCount 的一个数值判断：

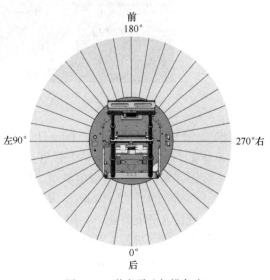

图 5-20　激光雷达扫描角度

137

如果 nCount 大于 0，则将 nCount 减 1，并直接 return 中断这个回调函数，让机器人维持之前的运动状态直到 nCount 递减到 0。这就实现了通过给 nCount 赋值来控制机器人转向动作时长的功能。

程序里定义了一个 geometry_msgs::Twist 消息包 vel_cmd，用来装载要发送的机器人运动控制量，然后根据 fMidDist 的数值大小来对 vel_cmd 进行不同的赋值。当 fMidDist 大于 1.5 时，也就是机器人正前方的障碍物距离大于 1.5m 的时候，给 vel_cmd 的 x 赋值 0.05，控制机器人以 0.05m/s 的速度缓慢向前移动；当 fMidDist 不大于 1.5 时，也就是机器人正前方的障碍物距离小于或等于 1.5m 的时候，给 vel_cmd 的 z 赋值 0.3，控制机器人以 0.3rad/s 的速度原地向左旋转，同时对 nCount 赋值 50，让机器人在后面的 50 次回调函数执行过程中都维持这个旋转动作。对 vel_cmd 赋值完毕后，通过 vel_pub 将其 publish 发布到相关主题上，启智 ROS 的核心节点会从主题中获得这个数据包，并按照赋值的速度对机器人底盘进行运动控制。

（5）在主函数 main() 中，调用 ros::init()，对这个节点进行初始化。

（6）调用 ROS_INFO() 向终端程序输出字符串信息，以表明节点正常启动。

（7）定义一个 ros::NodeHandle 节点句柄 nh，并使用这个句柄向 ROS 核心节点订阅"/scan" 主题的数据，回调函数设置为之前定义的 lidarCallback()。

（8）使用节点句柄 nh 对 vel_pub 进行初始化，让其在主题 "/cmd_vel" 发布速度控制消息，启智 ROS 的核心节点会从这个主题获取 vel_pub 发布的消息，并控制机器人底盘执行消息包里的速度值。

（9）调用 ros::spin() 对 main() 函数进行阻塞，保持这个节点程序不会结束退出。

这个程序在前面已经编译过了，这里直接执行即可。保持刚才启动的仿真环境不关闭，在 Ubuntu 系统新打开一个终端程序，输入如下指令，如图 5-21 所示。

```
rosrun wpb_home_tutorials wpb_home_lidar_behavior
```

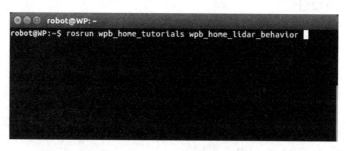

图 5-21　启动程序

这条指令会启动 wpb_home_lidar_behavior 程序。按照程序逻辑，会从激光雷达的"/scan" 主题里不断获取激光雷达数据包，并把机器人正前方的激光雷达测距数值显示在终端程序里。如图 5-22 所示，终端里显示 "Point[180]=xxxx" 其中 xxxx 为一个浮点数，单位是 m。比如 "Point[180]=2.626860" 表示机器人正前方的激光雷达测距值为 2.626860m。

这时切换到仿真环境界面，如图 5-23 所示，可以观察机器人的运行效果。

（1）程序启动后，机器人开始以 0.05m/s 的速度向前移动。

（2）当机器人前方 1.5m 处出现障碍物时，机器人停止移动，以 0.3rad/s 的速度原地转动。

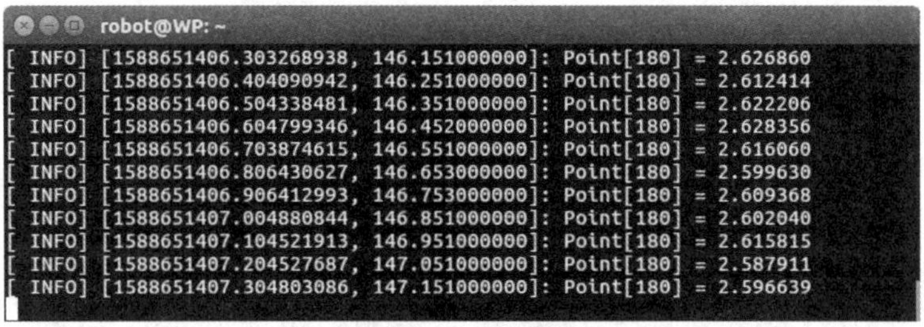

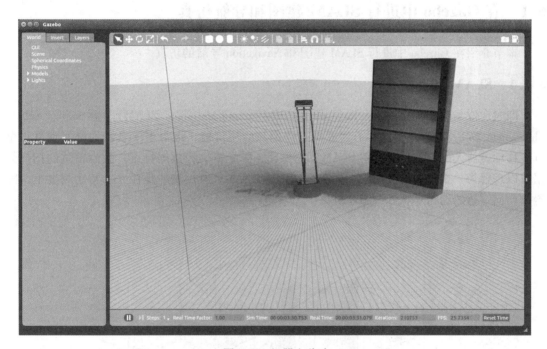

图 5-22 获取数据

（3）当机器人转到前方 1.5m 范围内没有障碍物时，停止转动，继续以 0.05m/s 的速度向前移动。

图 5-23 机器人移动

5.4 本章小结

本章首先对机器人 URDF 的物理模型结构以及仿真中常用的惯性参数进行介绍；接着对机器人 URDF 的传感器进行描述，其中包括运动底盘、激光雷达、立体相机仿真参数的代码实现；最后通过实例实现了基于激光雷达传感器的闭环运动控制仿真。

第 6 章

机器人建图与导航仿真应用

6.1 在 Gazebo 中进行 SLAM 建图和导航仿真

本节介绍在 Gazebo 中进行 SLAM 建图和 Navigation 导航的仿真。

6.1.1 SLAM 建图仿真

即时定位与地图构建（Simultaneous Localization and Mapping，SLAM）。由 Smith、Self 和 Cheeseman 于 1988 年提出，由于其重要的理论与应用价值，被很多学者认为是实现真正全自主移动机器人的关键。要理解 SLAM，先得理解激光雷达的数据特点。激光雷达的扫描数据可以理解为一个障碍物分布的切面图，如图 6-1 所示，其反映的是在一个特定高度上，障碍物面向雷达的边缘形状和分布位置。

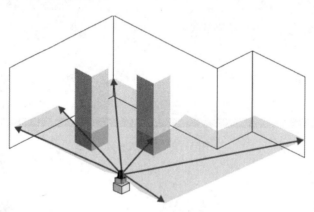

图 6-1　激光雷达扫描切面

当携带激光雷达的机器人在环境中运动时，它在某一个时刻，只能得到有限范围内的障碍物的部分轮廓和其在机器人本体坐标系里的相对位置。比如在图 6-2 中，反映了一个机器人在相邻的 A、B、C 3 个位置激光雷达扫描到的障碍物部分轮廓。

虽然此时还不知道位置 A、B、C 的相互关系，但是通过仔细观察，可以发现在 A、B、C 3 个位置所扫描到的障碍物轮廓，某一些部分是可以匹配重合的。因为 3 个位置离得比较近，假设扫描到的障碍物轮廓的相似部分就是同一个障碍物，这样就可以试着将相似部分的障碍物轮廓叠加重合在一起，得到一个更大的障碍物轮廓。比如位置 A 和位置 B 的障碍物轮廓叠加后如图 6-3 所示。

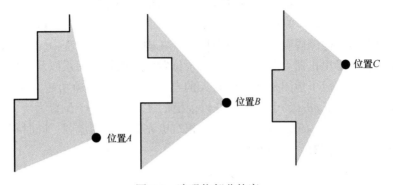

图 6-2　障碍物部分轮廓

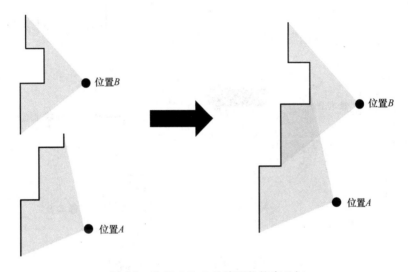

图 6-3　位置 A 和 B 的障碍物轮廓叠加

位置 B 和位置 C 的障碍物轮廓叠加后如图 6-4 所示。

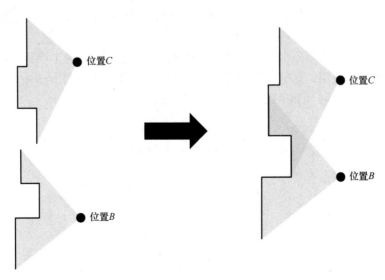

图 6-4　位置 B 和 C 的障碍物轮廓叠加

按照这样的方法，将连续的多个位置激光雷达扫描到的障碍物轮廓拼合在一起，就能形成一个比较完整的平面地图。这个地图是一个二维平面上的地图，其反映的是在激光雷达的扫描面上，整个环境里的障碍物轮廓和分布情况。在构建地图的过程中，还可以根据障碍物轮廓的重合关系，反推出机器人所走过的这几个位置之间的相互关系以及机器人在地图中所处的位置，这就同时完成了地图构建和机器人的自身实时定位两项功能，这也就是 Simultaneous Localization and Mapping 的由来。同样以前面的 A、B、C 3 个位置为例，将 3 个位置的激光雷达扫描轮廓拼合在一起，就能得到一个相对更完整的平面地图，同时得出 A、B、C 3 个位置在这个地图中的位置，如图 6-5 所示。

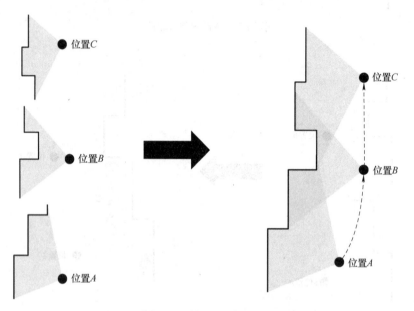

图 6-5　位置 A、B 和 C 的障碍物轮廓叠加

ROS 支持多种 SLAM 算法，主流的是 Hector SLAM 和 Gmapping，其中 Hector SLAM 仅依靠激光雷达就能工作，其原理和上文描述的方法类似；Gmapping 则是在激光雷达的基础上，还融合了电机码盘里程计等信息，其建图的稳定性要高于 Hector SLAM。本章的实验主要使用 Gmapping。

在进行实验操作前，需要引入一个新的开源项目 wpb_home，这个项目附带了大量的应用例程可以供学习和使用，这里主要学习其中的 SLAM 建图功能。打开一个终端程序，通过如下指令下载项目源代码（如果已在第 5 章下载，这里不再重复下载）。

```
cd ~/catkin_ws/src
git clone https://github.com/6-robot/wpb_home.git
```

工程源代码下载完毕后，运行如下指令安装其依赖项。

```
~/catkin_ws/src/wpb_home/wpb_home_bringup/scripts/install_for_
noetic.sh
```

等待所有依赖项安装完成，运行如下指令进行源代码工程的编译。

```
cd ~/catkin_ws
catkin_make
```

使用 SLAM 进行环境建图，需要先人为操控机器人在环境场景中进行遍历。一般来说，会使用 USB 手柄来控制机器人，这里推荐使用微软 XBOX 360 的手柄，如图 6-6 所示。因为其使用广泛，在 Linux 操作系统下兼容性比较好。

将手柄接到计算机的 USB 接口上，在终端程序输入如下指令启动仿真场景，如图 6-7 所示。

```
roslaunch wpr_simulation wpb_gmapping.launch
```

图 6-6 XBOX 360 的手柄   图 6-7 启动程序

启动后弹出 Gazebo 窗口，如图 6-8 所示，里面显示的是一个模拟家庭环境的场景。场景中共有 4 个房间，分别为客厅、卧室、餐厅和厨房，在每个房间里都放置了一些床、柜子之类的家具。这个场景还有两个出入口，机器人初始位置就位于场景的中心位置。

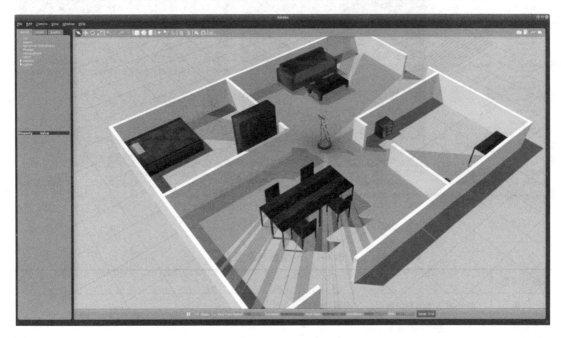

图 6-8 Gazebo 窗口

　　建图的效果一般在 Rviz 里进行观察。在 Ubuntu 的左侧任务栏里，如图 6-9 所示，可以看到 Rviz 的程序图标，用鼠标单击这个图标可以将 Rviz 界面切换到桌面前台显示。

图 6-9　切换至 Rviz 界面

　　在 Rviz 里，如图 6-10 所示，可以看到地图中大片的栅格都是深灰色，只有机器人附近有一片白色区域。这个区域是由很多条线段叠加而成，这些线段是机器人本体中心地面投影和每一个激光雷达红色障碍点的连线，也就是测距激光的飞行轨迹，所以白色的区域可以认为是没有障碍物的区域。地图颜色及意义（见表 6-1）。

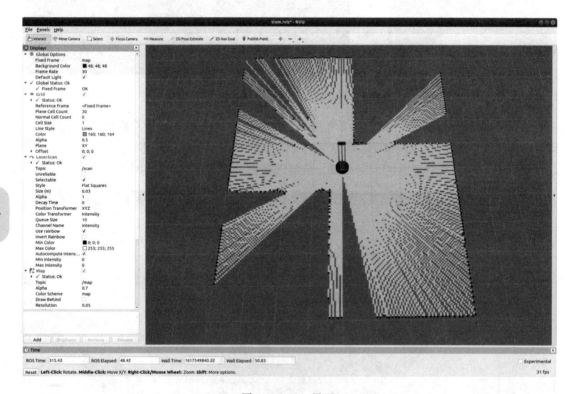

图 6-10　Rviz 界面

表 6-1　地图颜色及意义

地图颜色	代表意义
红色	激光雷达探测到的障碍点（障碍物轮廓点阵）
灰色	还没有探索到的未知区域

（续）

地图颜色	代表意义
白色	已经探明的不存在静态障碍物的区域
黑色	静态障碍物轮廓

可以使用 USB 手柄遥控机器人在场景里巡游，Gmapping 会把机器人行经的区域地图都扫描出来。

如果没有 USB 手柄，使用键盘也能控制机器人完成巡游移动。在 Ubuntu 里再打开一个新的终端程序，输入如下指令，如图 6-11 所示。

```
rosrun wpr_simulation keyboard_vel_ctrl
```

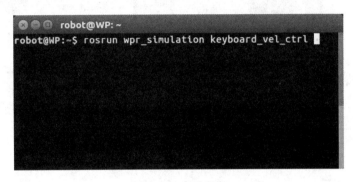

图 6-11　启动程序

按<Enter>键执行后，如图 6-12 所示，会提示控制机器人移动对应的按键列表。需要注意的是，在控制过程中，必须让这个终端程序位于 Gazebo 窗口前面，且处于选中状态。这样才能让这个终端程序持续获得键盘按键信号。

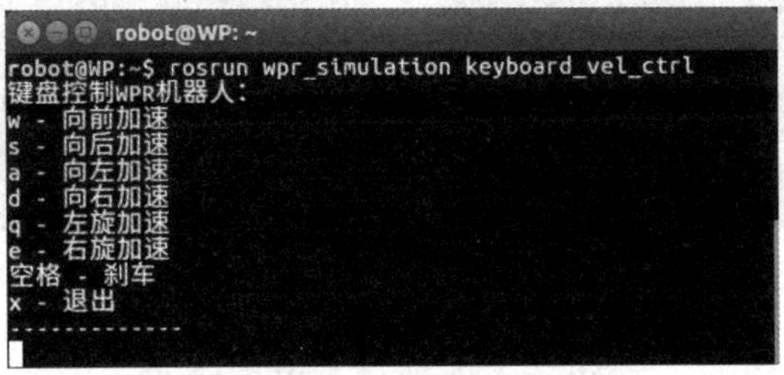

图 6-12　键盘控制机器人移动

用键盘控制机器人移动的时候，只需要按一下键盘按键就可以让机器人沿着对应方向移动，不需要一直按着不放，必要的时候使用空格键刹车。机器人在场景里巡游一周之后，可以看到建好的地图如图 6-13 所示。

把地图保存下来，后面进行自主导航时会用到。保存地图时，需要保持建图的程序仍在运行，不能关闭 Rviz 界面。启动一个新的终端程序，输入如下指令，如图 6-14 所示。

```
rosrun map_server map_saver-f map
```

145

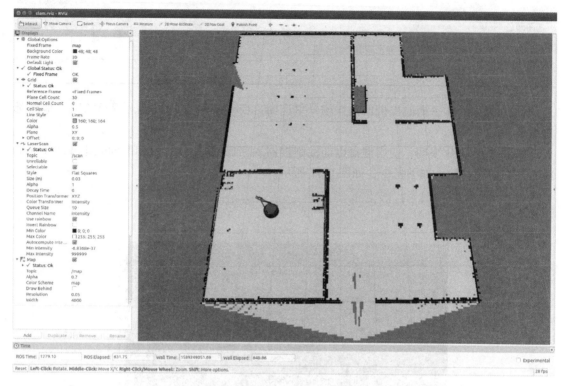

图 6-13　机器人建图

按下<Enter>键，确认保存，如图 6-15 所示。

图 6-14　保存地图

图 6-15　保存地图完成

保存完毕后，会在 Ubuntu 系统的主文件目录里生成两个新文件，一个名为 map. pgm，另一个名为 map. yaml，这就是使用 Gmapping 建好的环境地图。现在可以关闭 Gazebo 和 Rviz 窗口，准备进行导航的仿真。

6.1.2　Navigation 导航仿真

首先，将主文件目录里的 map. pgm 和 map. yaml 两个文件都复制到工作目录 "~/catkin_ws/src/wpr_simulation/maps" 里，如图 6-16 所示。

这个复制操作也可以在 "文件管理器" 里用鼠标完成，如图 6-17 所示。

图 6-16　利用指令复制地图

图 6-17　利用鼠标复制地图

地图文件放置完毕，输入如下指令启动导航仿真，如图 6-18 所示。

```
roslaunch wpr_simulation wpb_navigation.launch
```

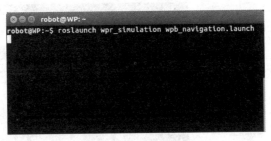

图 6-18　启动程序

执行后，系统会启动 Gazebo 窗口，如图 6-19 所示。可以看到机器人这次位于客厅的入口处。

图 6-19　Gazebo 窗口

在 Ubuntu 的左侧任务栏里，可以看到 Rviz 的程序图标，如图 6-20 所示，用鼠标单击将 Rviz 界面切换到桌面前台显示。

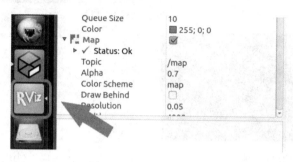

图 6-20　切换 Rviz 界面

在 Rviz 窗口中，可以看到机器人模型位于刚才建好的地图中，如图 6-21 所示。

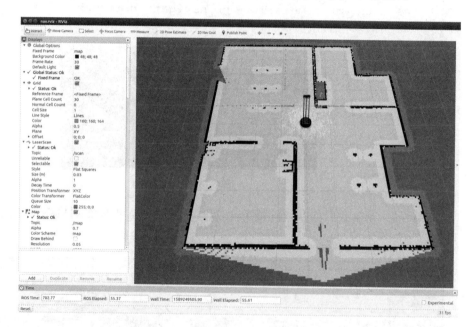

图 6-21 彩图

图 6-21　Rviz 窗口

仔细看此时的地图，在原来的黑色图案（静态障碍物轮廓）的周围，出现了蓝色的色带，这个色带表示的是安全边界，色带宽度和机器人的底盘半径大致相等。也就是说，如果机器人进入这个色带，就有可能和静态障碍物（墙壁或桌椅腿）发生碰撞，这个安全边界在后面机器人规划路径时会用到。

另外，Rviz 中机器人的当前位置在地图中央，这个和仿真环境中的机器人位置不符。需要在导航前将机器人设置到正确的位置，如图 6-22 所示，单击

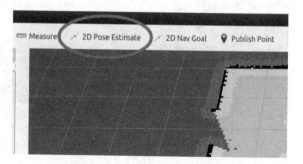

图 6-22　初始位置设定按钮

Rviz 窗口上方工具栏里的"2D Pose Estimate"按钮。

然后在 Rviz 的地图里，单击机器人应该处于的位置。这时会出现一个绿色大箭头，代表的是机器人在初始位置的朝向。如图 6-23 所示，按住鼠标左键不放，在屏幕上拖动画圈，可以控制绿色箭头的朝向。

图 6-23 彩图

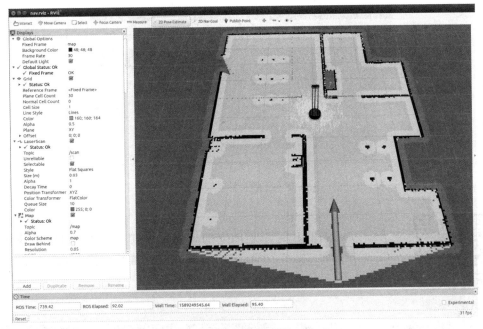

图 6-23　设定初始位置

在 Rviz 中拖动绿色箭头，选择好朝向，松开鼠标左键，机器人模型就会定位到选择的位置，如图 6-24 所示。

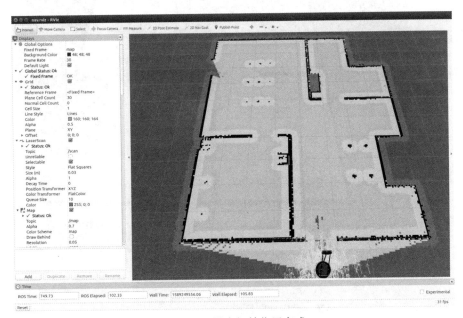

图 6-24　设定初始位置完成

图 6-24 彩图

调整虚拟机器人的初始位置，直到红色的激光雷达数据点和静态障碍物的轮廓大致贴合。

设置好机器人的初始位置后，可以开始为机器人指定导航的目标地点。如图 6-25 所示，单击 Rviz 窗口上方工具栏里的"2D Nav Goal"按钮。

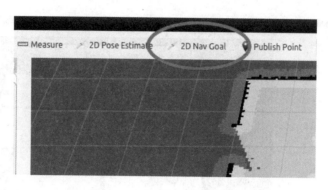

图 6-25　导航目标点设定按钮

图 6-26 彩图

然后单击 Rviz 里地图上的导航目标点。此时会再次出现绿色箭头，与前面的操作一样，按住鼠标左键在屏幕上拖动画圈，设置机器人移动到终点后的朝向，如图 6-26 所示。

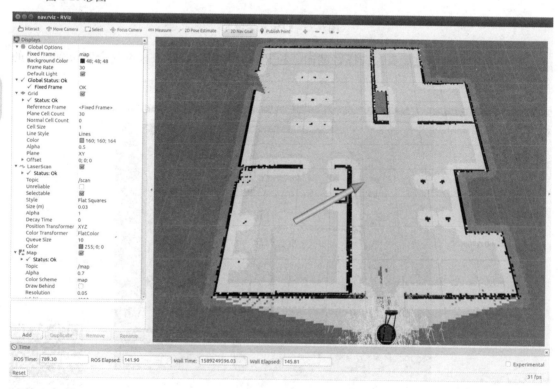

图 6-26　设定导航目标点

　　选择完目标朝向后，松开鼠标左键，ROS 的导航系统就会规划出一条紫色的路径，这条路径从机器人当前点出发，绕开蓝色的安全边界，一直到移动目标点结束，如图 6-27 所示。

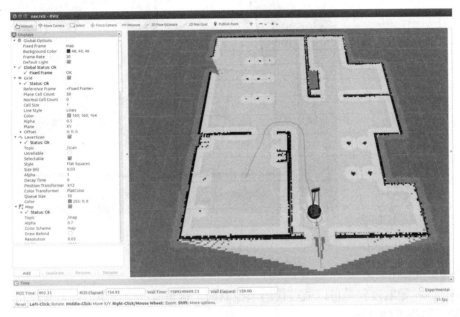

图 6-27　自主路径规划　　　　　　　　　　　　图 6-27 彩图

　　路径规划完毕后，机器人会开始沿着这条路径移动，此时切换到 Gazebo 窗口，如图 6-28 所示。可以看到仿真环境里的机器人也开始沿着这条路径移动。

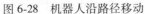

图 6-28　机器人沿路径移动　　　　　　　　　　图 6-28 彩图

　　机器人到终点后，会原地旋转，调整航向角，最终朝向刚才设置目标点时绿色箭头的方向，如图 6-29 所示。

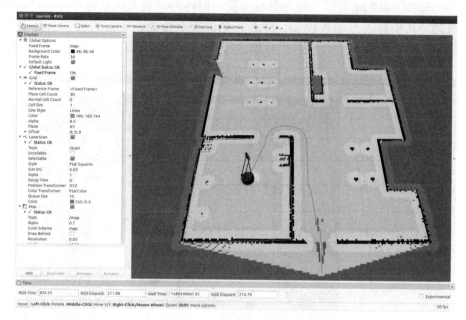

图 6-29 彩图   图 6-29 机器人达到目标点

ROS 中的 Navigation 导航过程是可以通过代码来控制的，这里有一个简单的导航程序可以供参考。它的源代码位置如下：

~/catkin_ws/src/wpr_simulation/src/demo_simple_goal.cpp

可以用 Visual Studio Code 之类的 IDE 打开这个源代码文件。

```cpp
#include <ros/ros.h>
#include <move_base_msgs/MoveBaseAction.h>
#include <actionlib/client/simple_action_client.h>

typedef actionlib::SimpleActionClient<move_base_msgs::MoveBaseAction> MoveBaseClient;

int main(int argc, char * * argv)
{
  ros::init(argc, argv, "demo_simple_goal");

  MoveBaseClient ac("move_base", true);

  while(! ac.waitForServer(ros::Duration(5.0)))
  {
    ROS_INFO("Waiting for the move_base action server to come up");
```

```
    }

    move_base_msgs::MoveBaseGoal goal;

    goal.target_pose.header.frame_id="map";
    goal.target_pose.header.stamp=ros::Time::now();

    goal.target_pose.pose.position.x=-3.0;
    goal.target_pose.pose.position.y=2.0;
    goal.target_pose.pose.orientation.w=1.0;

    ROS_INFO("Sending goal");
    ac.sendGoal(goal);

    ac.waitForResult();

    if(ac.getState()==actionlib::SimpleClientGoalState::SUCCEEDED)
      ROS_INFO("Mission complete!");
    else
      ROS_INFO("Mission failed...");

    return 0;
    }
```

（1）代码的开始部分，先 include 3 个头文件，第一个是 ROS 的系统头文件；第二个是导航目标结构体 move_base_msgs::MoveBaseGoal 的定义文件；第三个是 actionlib::SimpleActionClient 的定义文件。

（2）ROS 节点的主体函数是 int main（int argc，char＊＊argv），其参数定义和其他 C++ 语言程序一样。

（3）main()函数里，首先调用 ros::init（argc，argv，"demo_simple_goal"）；进行该节点的初始化操作，函数的第三个参数是节点名称。

（4）接下来声明一个 MoveBaseClient 对象 ac，用来调用和主管监控导航功能的服务。

（5）在请求导航服务前，需要确认导航服务已经开启，所以这里调用 ac.waitForServer() 函数来查询导航服务的状态。ros::Duration()是睡眠函数，参数的单位为秒，表示睡眠一段时间，这段时间若被某个信号打断（在这个例程里，这个信号就是导航服务已经启动的信号），则中断睡眠。所以 ac.waitForServer(ros::Duration(5.0))；表示休眠 5s，若期间导航服务启动了，则中断睡眠，开始后面的操作。用 while 循环来嵌套，可以让程序在休眠 5s 后，若导航服务未启动，则继续进入下一个 5s 睡眠，直到导航服务启动才中断睡眠。

（6）确认导航服务启动后，声明一个 move_base_msgs::MoveBaseGoal 类型结构体对象 goal，用来传递要导航去的目标信息。

1）goal. target_pose. header. frame_id 表示这个目标位置的坐标是基于哪个坐标系，例程里赋值 map 表示这是一个基于全局地图的导航目标位置，如图 6-30 所示。

2）goal. target_pose. header. stamp 赋值当前时间戳。

3）goal. target_pose. pose. position. x 赋值 -3.0，表示本次导航的目的地是以地图坐标系为基础，向 x 轴反方向移动 3.0m。

4）goal. target_pose. pose. position. y 赋值 2.0，表示本次导航的目的地是以地图坐标系为基础，向 y 轴正方向移动 2.0m。

5）goal. target_pose. pose. position. z 未赋值，则默认是 0。

6）goal. target_pose. pose. orientation. w 赋值 1.0，表示导航的目标姿态是机器人面朝 x 轴的正方向（正前方）。

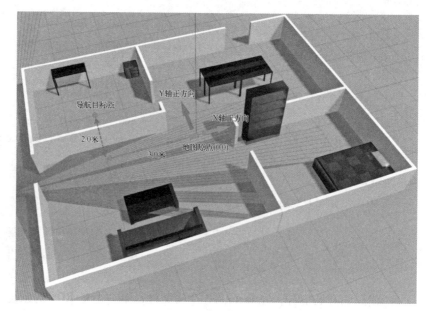

图 6-30 彩图　　　　图 6-30　基于全局地图的导航目标位置

（7）ac. sendGoal(goal)；将导航目标信息传递给导航服务的客户端 ac，由 ac 来监控后面的导航过程。

（8）ac. waitForResult( )；等待 MoveBase 的导航结果，这个函数会保持阻塞，就是卡在这，直到整个导航过程结束，或者导航过程被其他原因中断。

（9）ac. waitForResult( )阻塞结束后，调用 ac. getState( )获取导航服务的结果。如果是 SUCCEEDED 说明导航顺利到达目的地，输出结果"Mission complete!"，若不是这个结果，输出结果"Mission failed ..."。

下面试着在仿真环境里运行这个程序。首先，通过下面的指令打开仿真环境，如图 6-31 所示。

图 6-31　启动程序

```
roslaunch wpr_simulation wpb_navigation.launch
```

执行后，系统会启动 Gazebo 窗口，如图 6-32 所示。可以看到机器人又回到初始的那个入口。

图 6-32　Gazebo 窗口

图 6-32 彩图

在 Ubuntu 的左侧任务栏里，可以看到 Rviz 的程序图标，用鼠标单击将 Rviz 窗口切换到前台显示。单击 Rviz 窗口上方工具栏里的 "2D Pose Estimate" 按钮，将机器人设置到客厅的入口处，如图 6-33 和图 6-34 所示。

图 6-33 彩图

155

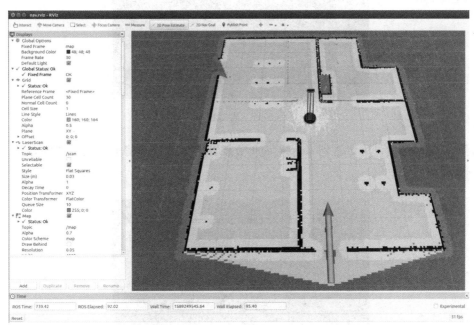

图 6-33　设定初始位置

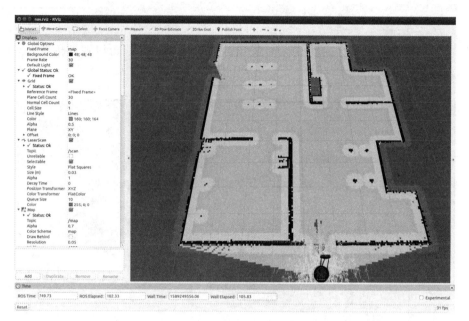

图 6-34 彩图

图 6-34　完成初始位置设定

下面运行 demo_simple_goal 程序，驱动机器人完成导航任务。启动新的终端程序，输入如下指令，如图 6-35 所示。

```
rosrun wpr_simulation demo_simple_goal
```

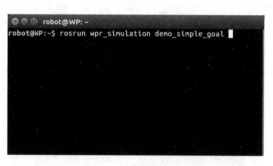

图 6-35　启动程序

按下<Enter>键后，可以看到 simple_goal 节点发出导航服务请求的提示"Sending goal"，如图 6-36 所示。

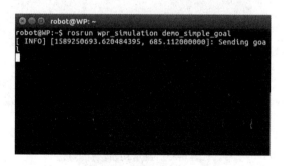

图 6-36　导航服务请求

此时再查看 Rviz 界面，可以看到一条紫红色的线条从机器人脚下延伸到目标点，路径规划成功，如图 6-37 所示。

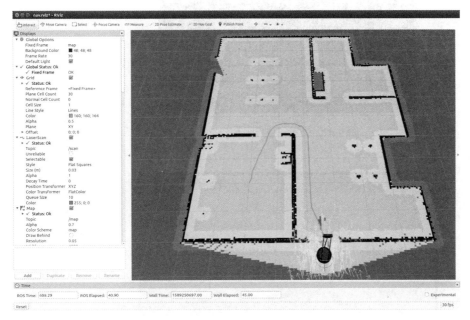

图 6-37　自主路径规划　　　　　　　　　　　　　　　　　　图 6-37 彩图

切换到 Gazebo 窗口，可以看到机器人沿着规划的路径，缓慢移动到目标点，如图 6-38 所示。

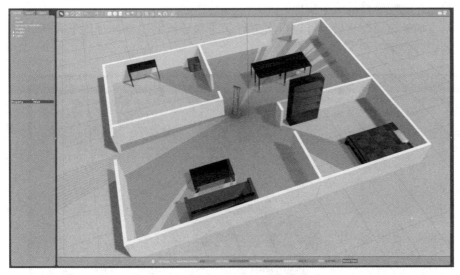
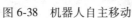

图 6-38　机器人自主移动　　　　　　　　　　　　　　　　　　图 6-38 彩图

机器人到达目标点后，可以看到显示顺利到达导航目的地的信息 "Mission complete!"，如图 6-39 所示。

这个实验场景里的家具是可以移动调整的，在 Gazebo 窗口的工具栏里，单击 "移动" 图标，如图 6-40 所示。

157

图 6-39　提示完成导航信息

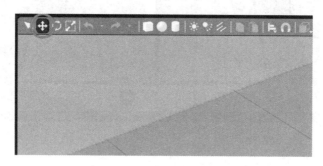

图 6-40　"移动"图标

图 6-41 彩图

然后单击场景里的任意物体（家具），如图 6-41 所示，会看到物体身上出现了 xyz 3 个轴的正方向箭头。单击其中任意一个方向，按住鼠标左键拖动，就能够移动这个物体。

场景布局改变后，可以再次进行建图和导航的仿真，对比不同环境下的运行效果。

图 6-41　3 个轴的正方向箭头

6.2 ROS 中的 Navigation 导航系统

Navigation 导航系统是 ROS 中最常用的子系统。毫不夸张地说，超过一半的机器人开发者都是因为 Navigation 才开始接触 ROS 的。Navigation 导航系统的架构设计相当复杂，但是非常经典，以至于后来出现的其他机器人系统，在导航部分都基本借鉴了 Navigation 经典架构，如图 6-42 所示。

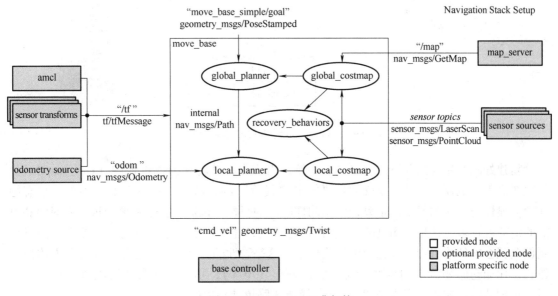

图 6-42　Navigation 经典架构

刚接触 Navigation 的时候，很容易被这个复杂的架构图吓到。下面将它拆开来分析，比直接看这个整体框架图要容易理解。

6.2.1　Navigation 的使用

将 Navigation 的架构图简化到只保留输入量和输出部分，如图 6-43 所示，然后把它和外界的对接关系搞清楚，就能理解 Navigation 是如何实现导航的。

从图 6-43 可以看出，Navigation 的输入是开发者设置的导航目标点坐标，输出是机器人的运动控制指令。只需要让机器人的主控节点订阅主题"cmd_vel"里的速度指令，然后向导航服务"move_base_ simple/goal"提交导航目标点。Navigation 会自动向主题"cmd_vel"发送速度值，驱动机器人到达导航目标。在之前的仿真实验里，Gazebo 中的虚拟机器人在 ROS 网络中加载了一个核心节点，由这个核心节点来获取 Navigation 输出速度并驱动虚拟机器人移动。所以编写的节点 demo_simple_goal 只需要简单发送一个导航目标点，就可以让机器人接受 Navigation 的指挥，自动导航到目标点。

6.2.2　全局规划器

要进行机器人的导航，应先有一个地图。在 ROS 中，这个地图通常使用 Hector Mapping 或者 Gmapping 这类 SLAM 方法来创建。

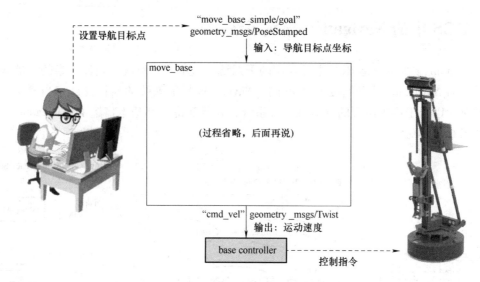

图 6-43　Navigation 经典架构的输入输出

　　新建好的原始地图并不能直接进行导航，需要先将其转换为代价地图（cost_map）。代价地图意思是机器人在地图里移动是要付出"代价"的，这个"代价"有显性的，也有隐性的。显性的，比如行走的距离，对于同样距离的目标，机器人行走距离越远，对时间和电能的消耗就越多，这是最明显的"代价"。隐性的，比如过于靠近障碍物，机器人稍微有控制偏差就会撞到障碍物，存在一个风险概率，这是隐性的"代价"。还有一些机器人体型比较长，比如仓储物流中的重型自动导引运输车（AGV），拐弯和调头比较困难。对它们来说，规划的路径转折太多也是"代价"，导航线路越顺滑代价就越小。

　　那么在 Navigation 系统里，代价地图是如何生成的呢？回到 Navigation 经典架构图，关注右上角部分，如图 6-44 所示。

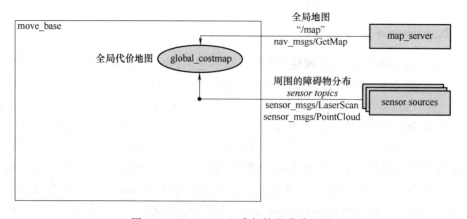

图 6-44　Navigation 经典架构的代价地图

　　可以看到，全局代价地图是通过 map_server 提供的全局地图和激光雷达侦测到的当前机器人周围的障碍物分布融合后生成的。map_server 提供的全局地图代表的是之前用 SLAM 创建的地图，时间过去比较久现在可能已经有变化了。这种变化有很多，或许只是路上多了个行人，也可能曾经开着的门关上了。远处的地图变化对机器人影响比较小可以暂时先不考虑，但是近处的变化会对机器人的当前行动产生直接影响，需要用激光雷达实时扫描，这就是为何全局代价地图会融合两者的信息来生成。Navigation 生成的全局代价地图可以在 Rviz 里查看，如图 6-45 所示。

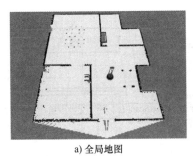

a) 全局地图

b) 全局代价地图

图 6-45　生成地图

图 6-45 彩图

可以看到全局代价地图里，在障碍物的边缘会膨胀出一层淡蓝色的渐变区域，这代表机器人可能与障碍物发生碰撞的隐性"代价"。越靠近障碍物，与障碍物碰撞的风险越大，于是颜色越深，隐性"代价"越大。移动距离产生的显性代价，通常都是在路径规划算法内部进行计量，在 Rviz 里不会显示。

有了代价地图，如何得到导航的路线？在 Navigation 系统里，这个通常由全局规划器（global_planner）来生成。

从图 6-46 中可以看出，全局规划器的任务就是从外部获得导航的目标点，然后在全局代价地图里找出"代价最小"的那条路线，这条路线就是最终得到的导航路线。

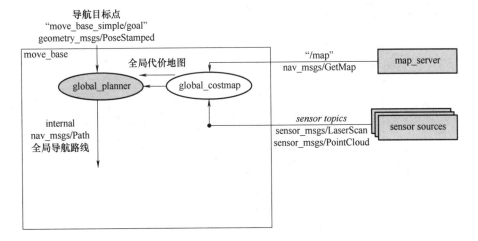

图 6-46　Navigation 经典架构的全局规划器

6.2.3　局部规划器

全局规划器生成的全局路线，依据的是很久之前 SLAM 创建的地图，它并没有考虑之后出现的环境变化和实时出现的行人等障碍物。所以需要一个能够随机应变的处理机制去对付这一路上可能出现的突发情况，这个机制的实现就是局部规划器（local_planner），如图 6-47

所示。局部规划器的工作就是从全局规划器获得导航路线，根据这个路线向机器人发送速度，一边按照全局路线的总体方针行走，另一边根据遇到的突发情况，做出一些必要的修正，确保机器人能够顺利到达目标点。

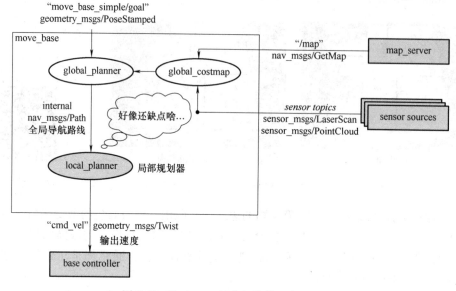

图 6-47   Navigation 经典架构的局部规划器

为了达到随机应变的效果，局部规划器利用激光雷达获得的当前障碍物数据，又做了一个小范围的代价地图，称为局部代价地图（local_costmap），如图 6-48 所示。

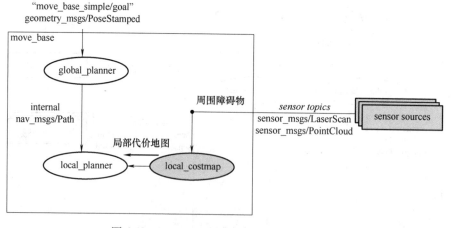

图 6-48   Navigation 经典架构的局部代价地图

为什么有了全局代价地图，还要再做一个局部代价地图呢？在真实的环境里，并不是只有机器人在移动，在商场里有行人，在公路上有汽车，在工业环境中也有其他正在移动作业的无人搬运车（Automated Guided Vehicle，AGV）。这些不停运动的交通参与者，在全局代价地图中基本是看不到的，建图的时候无法预测这些障碍物的出现。所以就需要一个小范围（至少在激光雷达探测距离内）的局部代价地图，并在机器人移动过程中，让这个局部代价地图跟着机器人位置移动，始终围绕在机器人周围，如图 6-49 所示，以弥补全局代价地图所缺失的实时障碍物信息。

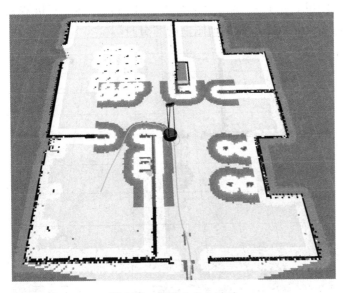

图 6-49　机器人自主移动　　　　　　　　　图 6-49 彩图

由此可见，Navigation 将规划器分拆成两个层级，还是非常科学合理的。这样既拥有了大局观，又兼具局部细节处理，为机器人的整个导航过程提供了高效完善的处理机制。

6.2.4　AMCL

如果将机器人想象成一辆公路上行驶的车辆，那么全局规划器相当于驾驶室大屏幕上的一个地图软件，局部规划器相当于开车的驾驶员。驾驶员根据地图软件给出的路线图来驾驶车辆。驾驶员看到了地图上的导航路线，还需要知道车子在地图上的具体位置才能确定行驶的方向。在车辆的驾驶中，车子的定位是通过 GPS 设备完成的。在机器人的 Navigation 中，有一个叫 AMCL 的节点，完成的就是类似 GPS 的定位功能。

AMCL 直译过来的中文名为"蒙特卡罗粒子滤波定位算法"，怎么理解这个"粒子滤波"呢？展开来解释会比较复杂，为了帮助读者快速理解，举一个动漫里的例子：《火影忍者》里漩涡鸣人的"多重影分身之术"，如图 6-50 所示。

图 6-50　多重影分身之术　　　　　　　　　图 6-50 彩图

在机器人开始移动之前，AMCL 会在机器人周围"嘭"的一声分裂出一堆的分身，这些分身按照一个概率分布在地图里。在 Rviz 窗口中，如图 6-51 所示，会看到机器人周围有很多绿色的小箭头，这些小箭头就是 AMCL 撒到地图上的"分身"。

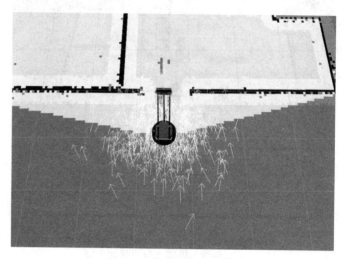

图 6-51 彩图

图 6-51 机器人的多重分身

当机器人移动的时候，所有分身会用统一的步伐行进，这个统一步伐来自底盘电机码盘里程计。当电机码盘里程计提示机器人往前直行的时候，所有分身都会同时往前直行；当电机码盘里程计提示机器人往左转的时候，所有分身同时往左转。机器人的分身在移动的过程中，会不停地用激光雷达扫描身边障碍物和全局地图进行比对，以判断自己处于正确的位置。随着机器人的移动，这些定位错误的分身一个接一个消失，最后剩下的最有可能是机器人位置的真身。在这过程中，通过 Rviz 可以看到导航中的机器人周围的绿色箭头会逐渐收拢，最终聚合到机器人脚下，与机器人真实的位置合为一体。

在 Navigation 经典架构图中，AMCL 部分在最左侧，如图 6-52 所示。

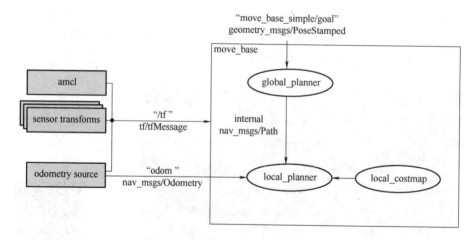

图 6-52　Navigation 经典架构的 AMCL

原图不太容易看懂，把它调整一下，如图 6-53 所示。

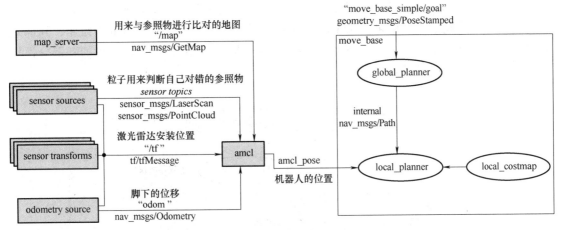

图 6-53　解释 AMCL

6.2.5　move_base

加上 AMCL 定位器之后，终于补齐了信息短板，局部规划器（local_planner）可以正式开始行动了。就好像一位驾驶员，手里有了导航路线图（全局规划器提供）、自己的位置（AMCL 提供）、车子周围的路况（局部代价地图），他就可以安心地上路驾驶。最终的输出形式是在"/cmd_vel"主题中发布机器人具体的运动速度。通常机器人控制节点会订阅这个主题，从而让 Navigation 系统去驱动机器人实体进行导航运动。上述这一整套机制在 Navigation 中被封装为一个节点，称为 move_base，如图 6-54 所示。当查看机器人的导航 launch 文件时，就能看到这个节点的启动项，通常后面会带一些参数文件。这些参数文件就是给 move_base 中的全局规划器、局部规划器、全局代价地图和局部代价地图分别设置的参数。由此可见，本章提到的所有 Navigation 的组件概念，最后都是通过 move_base 节点落实在机器人上。要修改这些组件的参数，只需要在 launch 文件中找到 move_base 的节点项，去修改相应的参数文件。

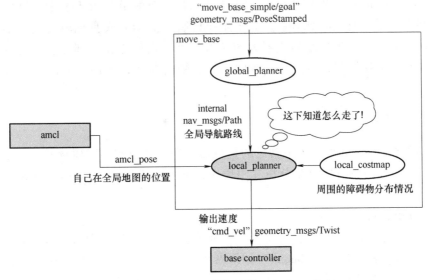

图 6-54　Navigation 经典架构的 move_base 节点

虽然 Navigation 的组件种类繁多，但是它们所有的目标是统一的。所有的一切，最终的目的就是让局部规划器（local_planner）能够正常行驶。在整个 Navigation 系统里，局部规划器（local_planner）是核心。如果将机器人比作一辆车，那么 Navigation 里的各部分模块所扮演的角色如图 6-55 所示。

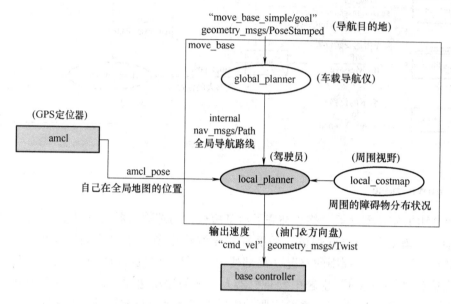

图 6-55　Navigation 经典架构的各部分角色

在实际的操作中，对局部规划器（local_planner）的调教也是最曲折最费时的部分。因为机器人的底盘类型千差万别，有的只能前后移动和原地转向（差动底盘），有的可以 360° 随意移动（全向底盘），有的底盘是履带双足、四足甚至多足，对一些较低的障碍都不考虑避障的（Big Dog 和 Atlas）。底盘的多样性导致很难用一个统一的局部规划器去适配所有的机器人。所以可以看到 ROS 中局部规划器的类型是最多最烦琐的，比较主流的有：base_local_planner、DWA、TEB、Eband 等，非主流的更是数不胜数。这些规划器各自的参数都不一样，通常需要不断尝试才能和自制的机器人底盘比较完美地适配上。各个机器人厂商通常都会为自己的机器人产品做好这个适配工作，部分有实力的厂商甚至会开发自己的局部规划器，最大程度地优化算法精简参数，使用起来的体验也比第三方规划器舒服。

6.2.6　常见问题

在众多的导航调试问题中，最常见的是机器人遇到新出现的障碍物时，会不停原地打转，而且一旦转起来就没完。要分析其中原因，就不能不提到 recovery_behavior 机制，如图 6-56 所示。

为便于理解，可将它分拆开：

（1）recovery_behaviors 被激活，通常是出现在机器人面前被大体积的障碍物挡住导航路线。一些局部规划器（local_ planner）如果参数设置不合理，就会导致规划不出能绕过障碍的局部路线，于是不得不向 recovery_behaviors 求助，如图 6-57 所示。

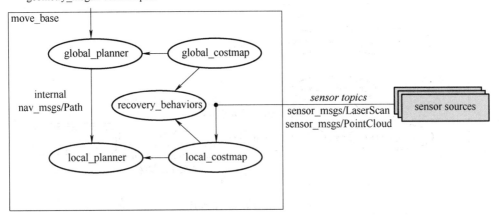

图 6-56   Navigation 经典架构的 recovery_behavior 机制

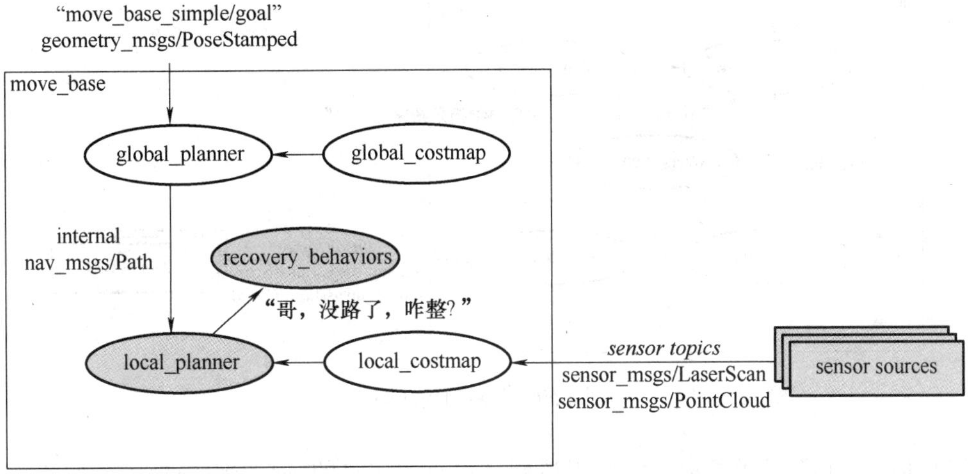

图 6-57   求助 recovery_behavior 机制

（2）在大部分版本的 ROS 中，recovery_behaviors 里默认行为通常会设置为 rotate_recovery，也就是让机器人原地旋转，试图用激光雷达将附近的障碍物扫描完整。为何原地旋转就能完全扫描附近的障碍物？因为这是考虑到，大部分的机器人在激光雷达的周围，通常都有一些支撑结构会挡住它的扫描视野，也就导致机器人的激光雷达在视野上存在一些盲区。recovery_behaviors 觉得找不到路线只是因为局部规划器（local_planner）的视野被挡住了，能够绕过障碍物的路线就藏在激光雷达的视野盲区里，可能转一两圈就能解决问题。毕竟让全局规划器（global_planner）重新规划全局路径太耗时了，尽量在局部规划器里解决问题，如图 6-58 所示。

（3）按照 recovery_behaviors 设计的机制，当转圈也解决不了问题的时候，求助全局规划器（global_planner），按照最新扫描后的地图，重新规划一条新的全局导航路线，如图 6-59 所示。

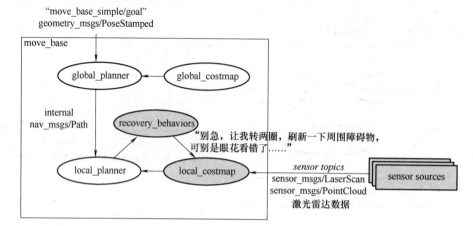

图 6-58　机器人原地旋转

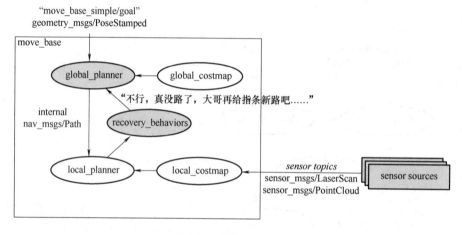

图 6-59　重新扫描地图

（4）那么事情到这就结束了吗？很遗憾还没有。完整的 recovery_behaviors 状态跳转如图 6-60 所示。

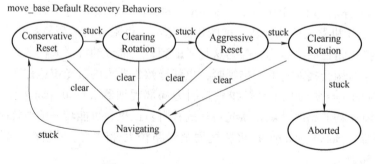

图 6-60　recovery_behaviors 机制

由于 recovery_behaviors 机制有很多状态，所以对于不熟悉局部规划器（local_planner）

参数的用户，建议在 launch 文件里直接把 move_base 的 recovery_behavior_enabled 参数设置为 false，即直接禁掉。这样机器人遇到局部规划器解决不了的情况时，会停下来，不会没完没了地旋转，干扰用户对机器人运行状态的判断。

6.3 开源地图导航插件简介

6.3.1 常规的导航调用

在 ROS 的 Navigation 子系统中，对导航目标的描述是由三维坐标值和一个四元数描述的朝向角组成的，如图 6-61 所示。

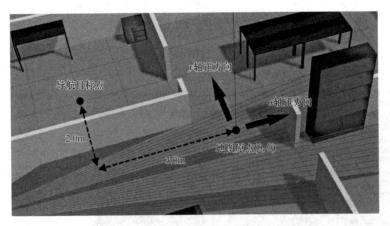

图 6-61 基于全局地图的导航目标位置

图 6-61 彩图

为了让机器人从客厅门口导航到厨房的一个目标航点，要做下面这些工作，如图 6-62 所示。

可以看出，导航的过程步骤和各项数值也不直观，若是在多个航点之间巡航，代码和工作量更是成倍增加。在实际的机器人应用中，需要在导航任务的间隙再插入一些识别抓取这类其他操作，最终的程序结构恐怕会臃肿到一个人无法维护的程度。

6.3.2 基于插件的导航调用

下面介绍的这款开源的地图导航插件能够简化航点导航操作。该插件基于 Rviz 的可视化操作，相比代码描述更加直观。用鼠标设置航点，加上少量代码，就可以完成导航任务。

在使用这款插件前，需要将其源代码下载并编译。首先确认计算机已经连接互联网，然后在 Ubuntu 中打开一个终端程序，输入如下指令进入工作空间，如图 6-63 所示。

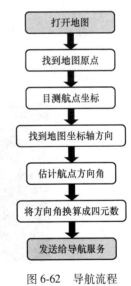

图 6-62 导航流程

```
cd~/catkin_ws/src/
```

169

图 6-63　进入工作空间

继续输入如下指令从 Github 下载插件源代码，如图 6-64 所示。

```
git clone https://github.com/6-robot/waterplus_map_tools.git
```

图 6-64　下载源代码

最后依次输入如下指令对插件进行编译，如图 6-65 和图 6-66 所示。

```
cd~/catkin_ws/
```

图 6-65　进入工作空间

```
catkin_make
```

图 6-66　文件编译

编译完成后，便可以使用这款插件了。以前文的导航任务为例，有了这款插件，只需要做下面工作，如图 6-67 所示。

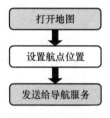

图 6-67　导航流程

下面是调用插件导航服务的例子源代码。

```cpp
#include <ros/ros.h>
#include <std_msgs/String.h>

void NavResultCallback(const std_msgs::String::ConstPtr &msg)
{
    ROS_WARN("[NavResultCallback] %s",msg->data.c_str());
}

int main(int argc,char * * argv)
{
    ros::init(argc,argv,"demo_map_tool");
    ros::NodeHandle n;
    ros::Publisher nav_pub=n.advertise<std_msgs::String>("/water-
plus/navi_waypoint",10);
    ros::Subscriber res_sub=n.subscribe("/waterplus/navi_result",
10,NavResultCallback);
    sleep(1);
    std_msgs::String nav_msg;
    nav_msg.data="1";
```

```
    nav_pub.publish(nav_msg);
    ros::spin();
    return 0;
}
```

（1）代码的开头 include 了两个头文件：ros.h 是 ROS 的系统头文件；String.h 是字符串类型头文件。程序中发送航点名称和输出反馈信息需要用到字符串。

（2）程序定义一个回调函数 void NavResultCallback()，用来获取导航插件服务反馈回来的执行结果。

（3）回调函数 void NavResultCallback() 的参数 msg 是一个 std_msgs::String 格式指针，其指向的内存区域就是存放导航任务结果的内存空间。其中 data 就是存放结果的字符串，这个字符串是 string 格式的，需要调用 c_str() 函数将其转换成 char 数组才能交给 ROS_WARN 进行显示。

（4）在主函数 main() 中，按照惯例，调用 ros::init() 对这个节点进行初始化。

（5）定义一个 ros::NodeHandle 节点句柄 n，并使用这个句柄发布一个主题 "/waterplus/navi_waypoint"，用于向导航插件发送目标航点的名称。地图导航插件会从这个主题中获取航点名称，激活导航行为。

（6）继续使用节点句柄 n 向 ROS 核心节点订阅主题 "/waterplus/navi_result"，回调函数设置为前面定义的 NavResultCallback()。这个 "/waterplus/navi_result" 是导航插件发布导航任务执行结果的主题名，回调函数 NavResultCallback() 会将这个主题里的信息通过 ROS_WARN 显示在终端程序里。

（7）调用 sleep(1) 延时 1s，等待前面的主题发布和订阅能够初始化完成。

（8）延时结束后，定义一个 std_msgs::String 格式的消息包 nav_msg。向这个消息包的成员变量 data 赋值目标航点的名称（这里是数字 "1"，后面会在地图中设置这个航点）。

（9）使用发布器对象 nav_pub 将消息包 nav_msg 发布到主题 "/waterplus/navi_waypoint" 里。导航插件会从这个主题获取发送的消息包，激活导航行为。

（10）调用 ros::spin() 对 main() 函数进行阻塞，保持这个节点程序不会马上结束退出。剩下的就是等待回调函数 void NavResultCallback() 获取导航任务的结果信息，整个程序到此结束。

6.3.3　在仿真环境中设置航点

在项目文件夹/wpr_simulation/src/里，有一个文件名为 demo_map_tools.cpp 的节点，就是调用插件导航服务的例子程序。

在运行这个例子程序前，先要按照 6.1.1 节在 wpr_simulation 的仿真环境里建好地图，并将地图文件复制到 wpr_simulation/maps 中。然后打开一个终端程序，输入如下指令，如图 6-68 所示。

```
roslaunch waterplus_map_tools add_waypoint_simulation.launch
```

执行后会启动 Rviz，界面上可以看到建好的地图，如图 6-69 所示。

在 Rviz 工具栏的右边，有一个 Add Waypoint 按钮，如图 6-70 所示。

图 6-68　启动程序

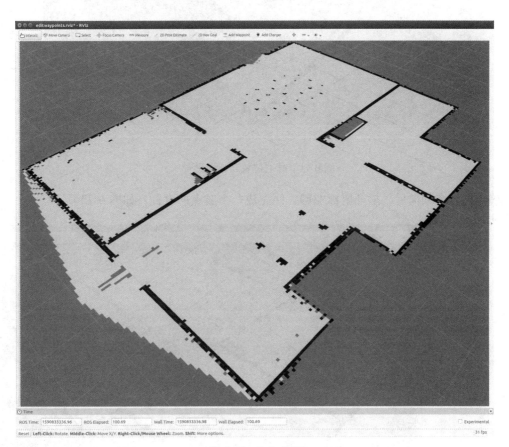

图 6-69　Rviz 界面

图 6-70　Add Waypoint 按钮

单击 Add Waypoint 按钮，就可以在地图上设置航点。先用鼠标单击要设置航点的位置，然后按住不放拖动鼠标可以选择航点的朝向，如图 6-71 所示。

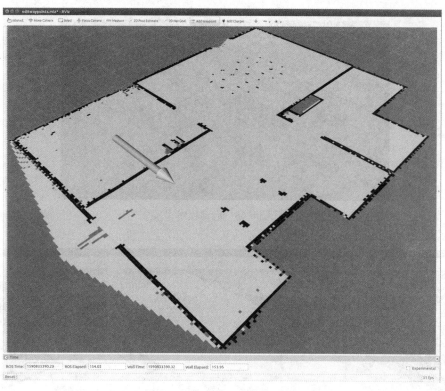

图 6-71　航点位置和朝向设置

确定好航点朝向后，松开鼠标左键，便完成一个航点的设置，如图 6-72 所示。

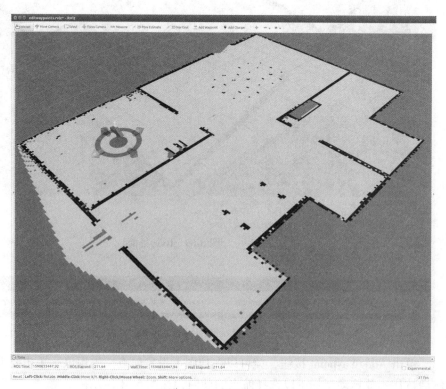

图 6-72 彩图

图 6-72　航点 1 设置完成

设置完的航点位置会显示一个三维箭头标记，标记上的数字"1"就是航点名称。航点的位置和朝向还可以在 Rviz 里继续调整：

（1）如图 6-73 所示，用鼠标单击航点标记旁边的红色箭头并拖动，可以在前后方向上调整航点位置。

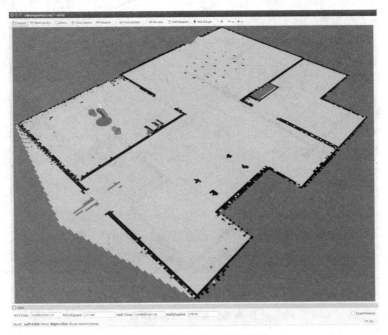

图 6-73　航点 1 前后位置调整　　　　　　　　　　　图 6-73 彩图

（2）如图 6-74 所示，用鼠标单击航点标记旁边的绿色箭头并拖动，可以在左右方向上调整航点位置。

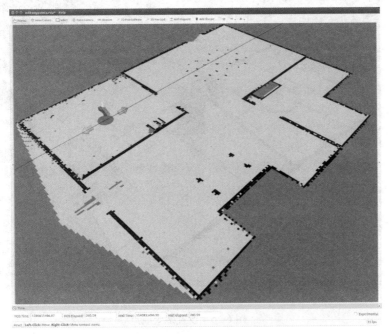

图 6-74　航点 1 左右位置调整　　　　　　　　　　　图 6-74 彩图

（3）如图 6-75 所示，用鼠标单击航点标记周围的蓝色圆环并拖动，可以改变航点的朝向。

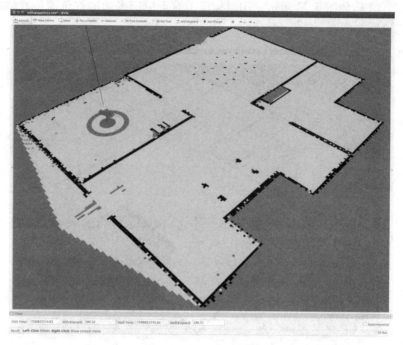

图 6-75 彩图

图 6-75　航点 1 朝向调整

使用上述方法，在地图上设置更多的航点，如图 6-76 所示。

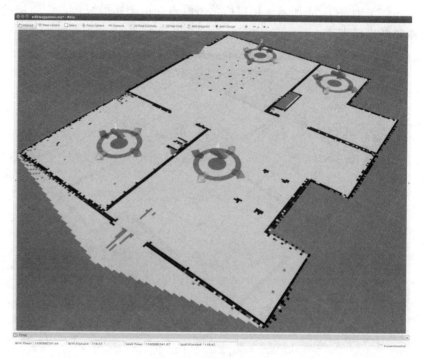

图 6-76 彩图

图 6-76　设置多个航点

航点设置完毕后,需要将这些信息保存成文件。保持 Rviz 界面不关闭,启动一个新的终端程序,输入如下指令,如图 6-77 所示。

```
rosrun waterplus_map_tools wp_saver
```

图 6-77 保存航点信息

执行完毕后,在 Ubuntu 系统的主文件夹下会生成一个名为 waypoints. xml 的文件,这个文件里保存的就是刚刚设置的航点信息。这时可以关闭 Rviz 程序,准备开始航点导航。

6.3.4 在仿真环境中使用插件导航

首先启动机器人仿真环境和带插件的 Rviz。在 Ubuntu 的终端程序里输入如下指令,如图 6-78 所示。

```
roslaunch wpr_simulation wpb_map_tool.launch
```

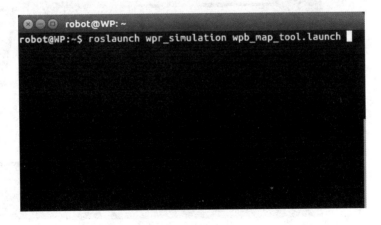

图 6-78 启动程序

执行后弹出 Gazebo 仿真界面,如图 6-79 所示。

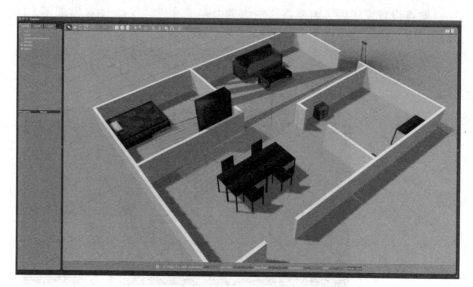

图 6-79 彩图

图 6-79　Gazebo 仿真界面

同时启动的还有 Rviz 窗口，如图 6-80 所示。

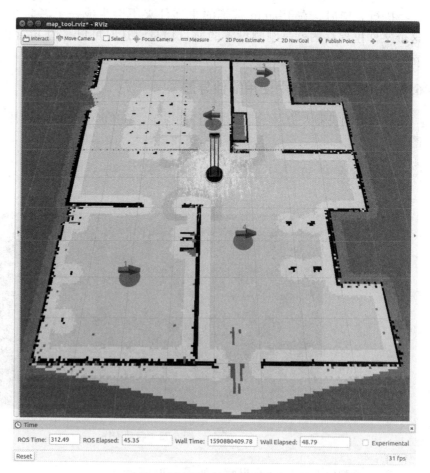

图 6-80 彩图

图 6-80　Rviz 窗口

在 Rviz 窗口中，机器人的默认位置是地图的中心。对比仿真环境，机器人正确的位置应该在客厅入口处，所以需要给机器人重新设置初始位置：单击 Rviz 窗口工具栏里的"2D Pose Estimate"按钮，然后单击 Rviz 地图里客厅的入口处，会出现一个绿色大箭头，代表机器人初始位置的朝向。按住鼠标左键不放，在屏幕上拖动画圈，可以控制绿色箭头的朝向，如图 6-81 所示。

图 6-81 彩图

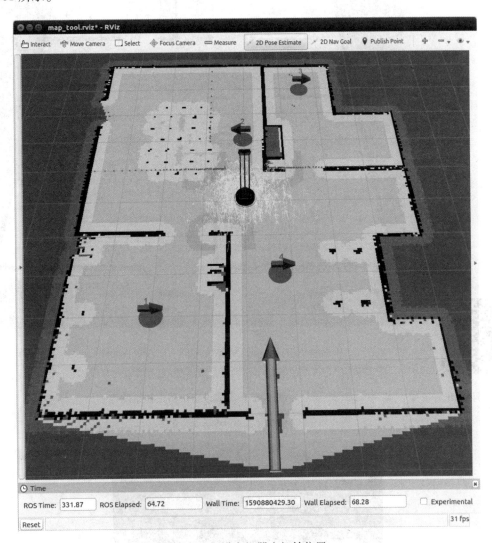

图 6-81　设定机器人初始位置

在 Rviz 窗口中拖动绿色箭头，指向房间入口，松开鼠标左键，机器人模型的位置就会定位到这个位置，如图 6-82 所示。

这时可以看到红色的激光雷达数据点和静态障碍物的轮廓大致贴合，说明初始位置设置正确。接下来运行 demo_map_tool 例程。在新的终端程序中输入以下指令，如图 6-83 所示。

```
rosrun wpr_simulation demo_map_tools
```

179

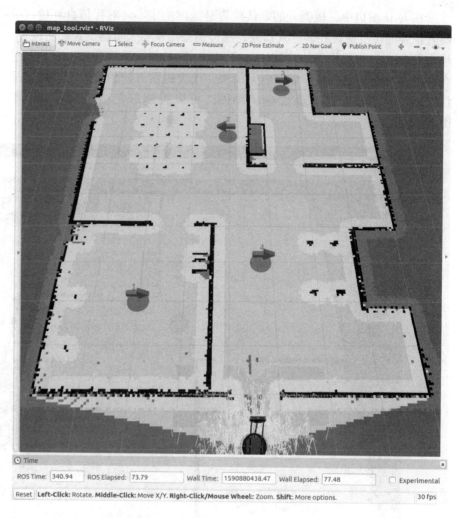

图 6-82 彩图

图 6-82　完成设定机器人初始位置

图 6-83　启动程序

　　按<Enter>键执行后，如图 6-84 所示，可以看到一条紫红色的线条从机器人脚下延伸到航点"1"的位置，这就是导航插件规划出来的全局路径。

　　机器人会沿着这条路径自主移动，到达目标地点后停止，如图 6-85 和图 6-86 所示。

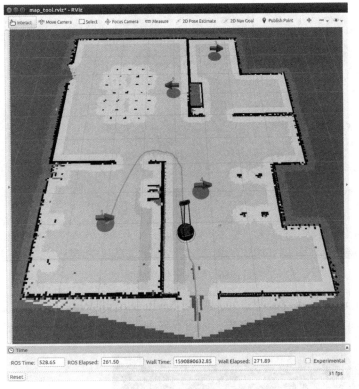

图 6-84　机器人自主移动

图 6-84 彩图

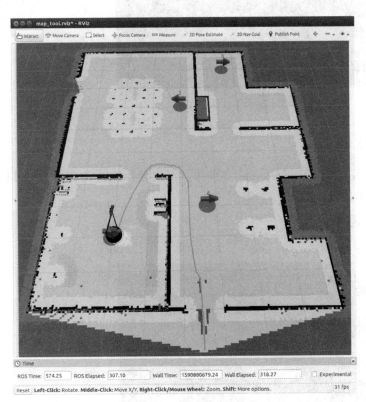

图 6-85　机器人移动至目标点

图 6-85 彩图

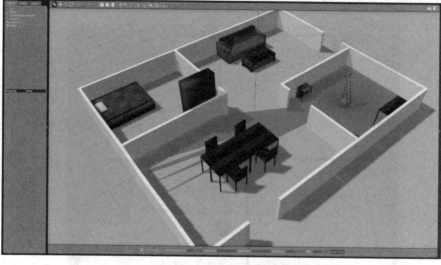

图 6-86 彩图   图 6-86　Gazebo 仿真环境

此时在运行 demo_map_tools 节点终端里，可以看到 NavResultCallback（）回调函数显示的插件服务反馈的信息 done，提示导航任务完成，如图 6-87 所示。

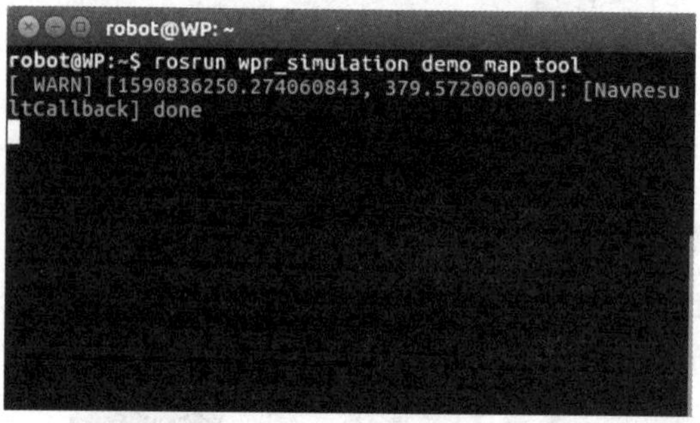

图 6-87　提示导航任务完成

6.3.5　航点信息的编辑修改

航点信息保存在主文件夹的 waypoints. xml 文件里，可以使用文本编辑工具 gedit 来打开。在终端程序里输入如下指令，如图 6-88 所示。

```
gedit waypoints. xml
```

图 6-88　编辑航点信息

按<Enter>键执行，会弹出 gedit 窗口，如图 6-89 所示。

可以看到文件里记录了航点的名称、三维坐标以及朝向角的四元数描述。只需要对航点名称 Name 进行修改，如图 6-90 所示。

图 6-89 航点信息

图 6-90 修改航点名称

修改后，按快捷键<Ctrl+S>保存。然后输入如下指令，再次打开 Rviz 地图插件，如图 6-91 所示。

```
roslaunch waterplus_map_tools add_waypoint_simulation.launch
```

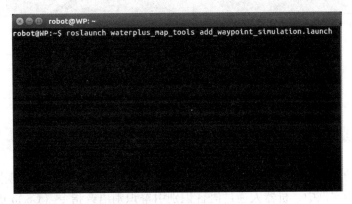

图 6-91 启动程序

如图 6-92 所示，在 Rviz 窗口里，就可以看到航点名称从 1、2、3、4 改成 kitchen、living room 等具有实际意义的单词。

这时再把 demo_map_tool 节点里的航点名称改成修改后的房间名称，修改完需要使用 cd~/catkin_ws/和 catkin_make 指令编译，就可以继续进行导航任务了。使用房间名称作为航点标记，可以让程序具备更好的可读性，后面即使插入更多的识别抓取操作，也能保持比较清晰的条理性。

图 6-92 彩图

183

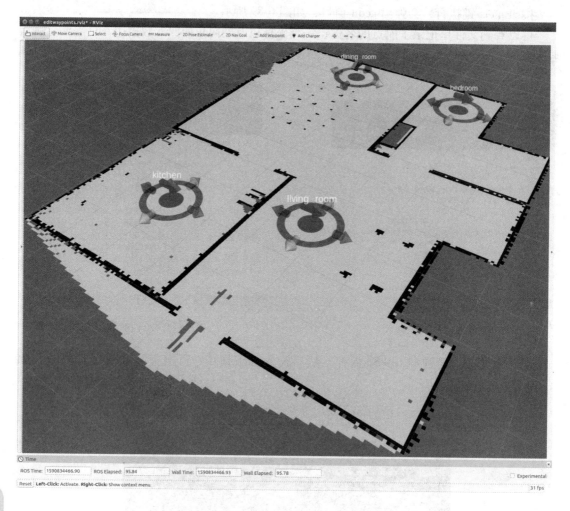

图 6-92　显示新的航点名称

6.4　语音识别和自主导航综合实例

将自主导航功能与语音识别结合，构建一个综合性的应用实例，以体现插件导航的简洁特性。在这个应用实例中，机器人通过语音识别引擎识别语音指令（Go to the kitchen），然后按照语音指令，执行相应的任务（自主导航到 kitchen 航点）。

6.4.1　下载语音识别包

首先需要引入一个开源的语音识别包。这个包可以从 Github 中下载，先确认计算机已经连接互联网，输入如下指令进入 ROS 工作空间，如图 6-93 所示。

```
cd~/catkin_ws/src/
```

使用 git 工具下载开源语音识别包，如图 6-94 所示。

图 6-93   进入工作空间

```
git clone https://github.com/6-robot/xfyun_waterplus.git
```

图 6-94   下载语音识别包

执行依赖项安装脚本，如图 6-95 所示。

```
~/catkin_ws/src/xfyun_waterplus/scripts/install_for_noetic.sh
```

图 6-95   安装依赖项

最后依次输入如下指令对插件进行编译，如图 6-96 和图 6-97 所示。

```
cd~/catkin_ws/
```

图 6-96　进入工作空间

```
catkin_make
```

图 6-97　文件编译

至此，这个开源的语音识别包就下载并编译安装好了。

6.4.2　编写实例代码

首先，新建一个 ROS 源码包，在 Ubuntu 里打开一个终端程序，输入如下指令进入 ROS 工作空间，如图 6-98 所示。

```
cd~/catkin_ws/src/
```

图 6-98　进入工作空间

按下<Enter>键之后，即可进入 ROS 工作空间，然后输入如下指令新建一个 ROS 源码包，如图 6-99 所示。

```
catkin_create_pkg sr_pkg roscpp std_msgs
```

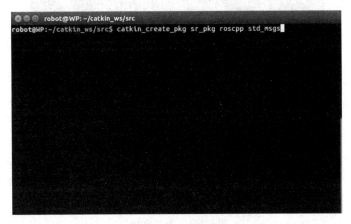

图 6-99　新建源码包

这条指令的具体含义（见表 6-2）。

表 6-2　指令的具体含义

指令	含义
catkin_create_pkg	创建 ROS 源码包（package）的指令
sr_pkg	新建的 ROS 源码包命名
roscpp	C++语言依赖项，本例程使用 C++语言编写，所以需要这个依赖项
std_msgs	标准消息依赖项，语音识别结果使用其中的 String 数据格式

按下<Enter>键后，可以看到如图 6-100 所示信息，表示新的 ROS 软件包创建成功。

图 6-100　完成源码包创建

在 Visual Studio Code 中，可以看到工作空间里多了一个 sr_pkg 文件夹。在其 src 子文件夹上单击鼠标右键，选择 New File 新建一个代码文件，如图 6-101 所示。

图 6-101　新建文件

新建的代码文件命名为 sr_node. cpp，如图 6-102 所示。

图 6-102　命名文件

命名完毕后，在 IDE 的右侧开始编写 sr_node. cpp 的代码，源代码可以参考项目文件夹/wpr_simulation/src/下面的 demo_sr_navigation. cpp。其内容如下：

```
#include <ros/ros.h>
#include <std_msgs/String.h>

static ros::Publisher nav_pub;
void SRCallback(const std_msgs::String::ConstPtr & msg)
{
    ROS_WARN("[SRCallback]-%s",msg->data.c_str());

    int nFindIndex=0;
    nFindIndex=msg->data.find("kitchen");
    if (nFindIndex >=0)
    {
```

```
        std_msgs::String nav_msg;
        nav_msg.data="kitchen";
        nav_pub.publish(nav_msg);
    }
}


int main(int argc,char * * argv)
{
    ros::init(argc,argv,"demo_sr_navigation");

    ros::NodeHandle n;
    nav_pub=n.advertise<std_msgs::String>("/waterplus/navi_way-
point",10);
    ros::Subscriber sr_sub=n.subscribe("/xfyun/iat",10,SRCall-
back);

    ros::spin();

    return 0;
}
```

（1）代码的开头 include 了两个头文件：ros.h 是 ROS 的系统头文件；String.h 是字符串类型头文件，程序中语音识别结果需要用到这个字符串格式。

（2）程序开头定义了一个 nav_pub 对象，这个是导航目标的消息发布者。

（3）定义一个回调函数 void SRCallback()，用来处理 xfyun_waterplus 节点发来的语音识别结果消息包。

（4）回调函数 void SRCallback() 的参数 msg 是一个 std_msgs::String 格式指针，其指向的内存区域就是存放语音识别结果的内存空间。msg 包里包含了一个 data 成员，这是一个 String 格式的对象，里面装载的就是语音识别结果字符串。使用 ROS_WARN 将这个字符串内容显示在终端程序窗口里。

（5）使用 msg→data 字符串的函数 find() 在语音识别结果里搜索 kitchen 这个关键词，如果该函数返回值大于 0，说明识别结果里包含这个关键词。将目标航点 kitchen 通过 nav_pub 发布给导航插件，执行导航任务。

（6）在主函数 main() 中，调用 ros::init()，对这个节点进行初始化。

（7）定义一个 ros::NodeHandle 节点句柄 n，并使用这个句柄向 ROS 核心节点发布一个 std_msgs::String 类型的主题，主题名为 "/waterplus/navi_waypoint"，负责导航的地图插件会从这个主题里读取发送的目标航点名称并执行导航任务。接下来订阅主题 "/xfyun/iat"，回调函数设置为之前定义的 SRCallback()。这个 "/xfyun/iat" 是 xfyun_waterplus 进行语音识别后发布结果的主题名，节点 sr_node 只需要订阅它就能收到最终的语音识别结果。

（8）调用 ros::spin( ) 对 main( ) 函数进行阻塞，保持这个节点程序在接收到语音识别结果前不会结束退出。

编写完节点代码，还需要将节点源代码文件添加到编译文件里才能进行编译。编译文件在 sr_pkg 的目录下，文件名为 CMakeLists.txt，在 Visual Studio Code 界面左侧单击该文件，右侧会显示文件内容。在 CMakeLists.txt 文件末尾，为 sr_node.cpp 添加新的编译规则，如图 6-103 所示。其内容如下：

```
add_executable(sr_node src/sr_node.cpp)
add_dependencies(sr_node ${${PROJECT_NAME}_EXPORTED_TARGETS}
${catkin_EXPORTED_TARGETS})
target_link_libraries(sr_node  ${catkin_LIBRARIES})
```

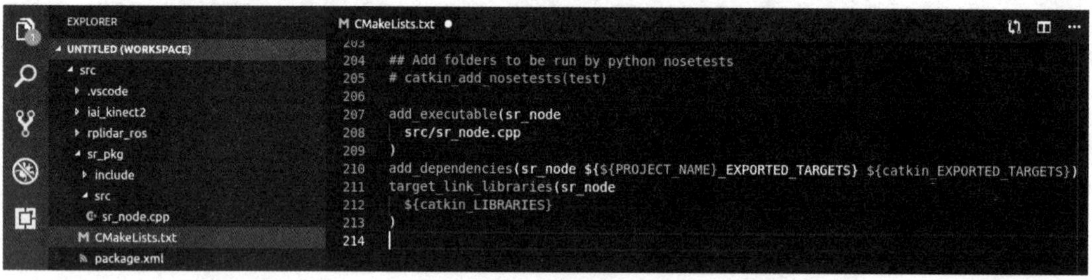

图 6-103　添加编译规则

将上述文件保存。下面开始进行代码文件的编译操作，启动一个终端程序，输入如下指令进入 ROS 的工作空间，如图 6-104 所示。

```
cd~/catkin_ws/
```

图 6-104　进入工作空间

然后执行如下指令开始编译，如图 6-105 所示。

```
catkin_make
```

执行这条指令之后，会出现滚动的编译信息，直到出现 "［100％］Built target sr_node"

图 6-105　文件编译

信息，说明新的 sr_node 节点已经编译成功，如图 6-106 所示。

```
robot@WP: ~/catkin_ws
[ 78%] Built target wpb_home_simple_goal
[ 80%] Built target wpb_home_imu_turn
[ 81%] Built target wpb_home_velocity_control
[ 82%] Built target wpb_home_face_detect
[ 83%] Built target wpb_home_cruise
[ 84%] Built target wpb_home_obj_detect
[ 85%] Built target wpb_home_voice_cmd
[ 85%] Built target wpb_home_speech_recognition
[ 86%] Built target wpb_home_follow
[ 87%] Built target wpb_home_lidar_data
[ 88%] Built target wpb_home_sr_xfyun
[ 89%] Built target wpb_home_face_node
[ 90%] Built target tts_node
[ 91%] Built target wpb_home_speak
[ 91%] Built target xfyun_waterplus_generate_messages
[ 93%] Built target iat_node
[ 94%] Built target wp_voice_cmd_cn
[ 95%] Built target wav_rate_node
[ 96%] Built target recorder_wav_node
[ 97%] Built target asr_node
[100%] Built target iat_file
[100%] Linking CXX executable /home/robot/catkin_ws/devel/lib/sr_pkg/sr_node
[100%] Built target sr_node
robot@WP:~/catkin_ws$
```

图 6-106　编译完成

6.4.3　对实例进行仿真

下面启动运行 sr_node 节点的虚拟仿真环境，按照前面几节的内容，完成下列任务：

（1）通过 SLAM 构建环境地图。

（2）在厨房中任意一个位置，设置一个 kitchen 航点。其他房间也可以随意设一些航点。

执行如下指令启动插件导航的仿真环境，如图 6-107 所示。

```
roslaunch wpr_simulation wpb_map_tool.launch
```

切换到 Rviz，如图 6-108 所示，单击工具栏的 "2D Pose Estimate" 按钮，设置机器人的初始位置。

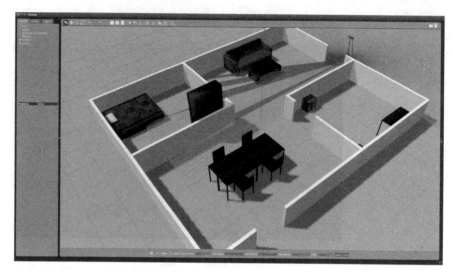

图 6-107 彩图   图 6-107   Gazebo 仿真环境

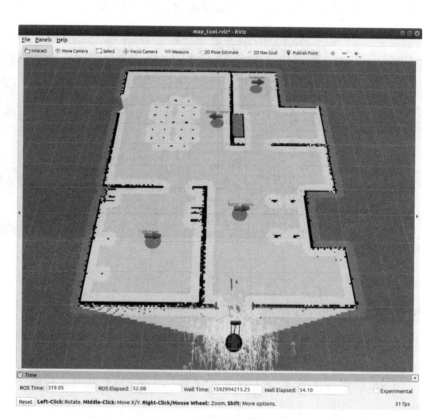

图 6-108 彩图   图 6-108   设定机器人初始位置

运行编写的 sr_node 节点，让其与地图导航插件完成连接，并开始监听语音识别结果。启动一个新的终端程序，输入如下指令，如图 6-109 所示。

```
rosrun sr_pkg sr_node
```

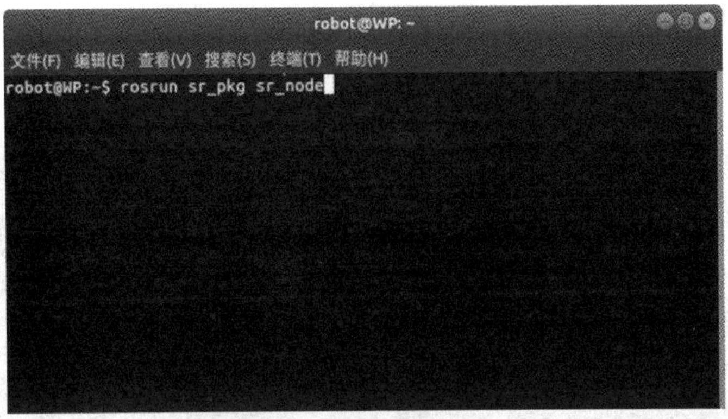

图 6-109　启动程序

按<Enter>键执行，sr_node 节点就启动起来了。这个节点启动后，处于等待语音指令的状态。需要保持这个终端程序处于运行状态，然后在新的终端启动语音识别节点，由于语音识别功能使用的是科大讯飞的云服务，所以需要计算机连接到互联网，让其与讯飞的云服务器建立数据连接。确认已经连接互联网后，在终端程序输入如下指令，如图 6-110 所示。

```
roslaunch xfyun_waterplus iat_en.launch
```

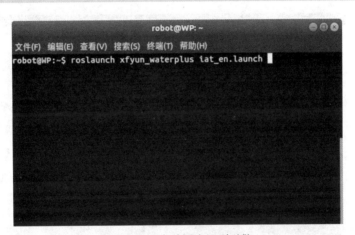

图 6-110　启动语音识别引擎

按<Enter>键执行，科大讯飞的语音识别引擎便开始启动。此时可以听到计算机有节奏地发出"嘟~"的提示音，这是语音识别开始的信号。需要在两次"嘟"的提示音之间将要识别的话说给机器人听，它才能够正确地识别。

在"嘟"的一声之后对计算机传声器说"Go to the kitchen"，计算机识别完毕后，会将识别结果显示在终端程序里，如图 6-111 所示。

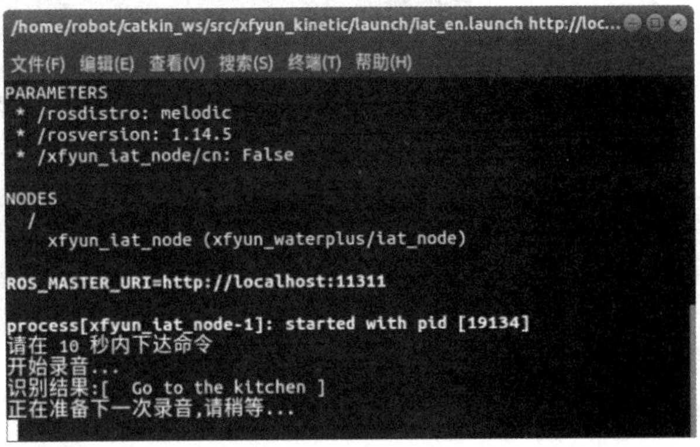

193

图 6-111　语音识别

这时查看运行 sr_node 的终端，可以看到回调函数接收到的语音识别结果，如图 6-112 所示。

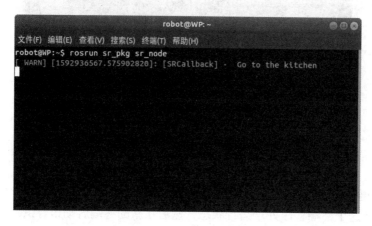

图 6-112　语音识别结果

再切换到 Rviz 和 Gazebo 仿真环境，可以看到机器人开始自主导航到 kitchen 航点，如图 6-113 和图 6-114 所示。

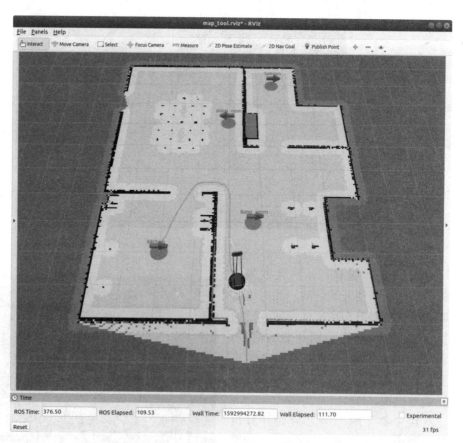

图 6-113 彩图

图 6-113　机器人自主移动

图 6-114   Gazebo 仿真环境   图 6-114 彩图

实验中的语音识别引擎还能识别中文指令，只是启动指令需要换成：

```
roslaunch xfyun_waterplus iat_cn.launch
```

大家可以尝试对 sr_node.cpp 的代码进行相应的修改，catkin_make 重新编译，然后按照前面的步骤再次进行实例仿真。

6.5   本章小结

本章首先在讲解 SLAM 建图原理的基础上，进行了 SLAM 建图和 Navigation 导航的仿真；接着对 Navigation 导航机制中的全局规划器、局部规划器、ACML 等组件进行了阐述，并利用开源地图导航插件完成在仿真环境中的导航任务；最后构建了一个综合性的应用实例，通过语音指令实现了机器人的自主导航功能。

第 7 章

机器人平面视觉检测仿真应用

7.1 使用 OpenCV 获取机器人的视觉图像

作为机器人视觉编程的开篇实验，这次将完成一个基本功能：在 ROS 中获取机器人的视觉图像。如图 7-1 所示，本实验将了解图像数据是以什么形式存在于 ROS 中，以及如何转换成熟悉的 OpenCV 格式，为后续的视觉编程实验奠定基础。

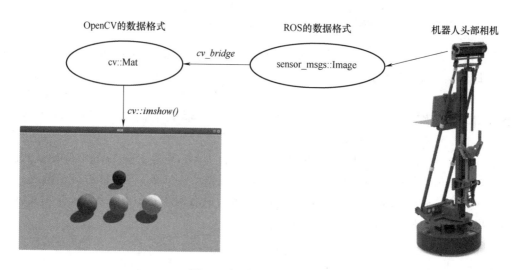

图 7-1 视觉图像数据转换

7.1.1 编写例程代码

在编写例程代码前，先确定这个例程需要实现的内容：

（1）从机器人的头部相机 Topic 中获取实时的视觉图像。

（2）将获取的视觉图像转换成 OpenCV 格式，并显示在窗口程序中。

确定了例程内容之后，开始进行代码编写。首先，新建一个 ROS 源码包，在 Ubuntu 里打开一个终端程序，输入如下指令进入 ROS 工作空间，如图 7-2 所示。

```
cd~/catkin_ws/src/
```

图 7-2 进入 ROS 工作空间

按下<Enter>键之后，即可进入 ROS 工作空间，然后输入如下指令新建一个 ROS 源码包，如图 7-3 所示。

```
catkin_create_pkg cv_pkg roscpp cv_bridge
```

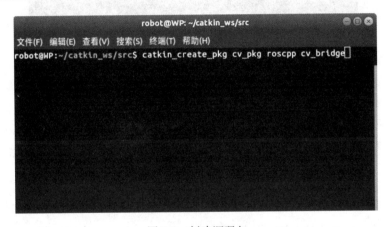

图 7-3 创建源码包

这条指令的具体含义（见表 7-1）。

表 7-1 指令的具体含义

指令	含义
catkin_create_pkg	创建 ROS 源码包（package）的指令
cv_pkg	新建的 ROS 源码包命名
roscpp	C++语言依赖项，本例程使用 C++语言编写，所以需要这个依赖项
cv_bridge	将 ROS 中的图像数据格式转换成 OpenCV 数据格式的工具包

按下<Enter>键后，可以看到如图 7-4 所示信息，表示新的 ROS 软件包创建成功。

在 Visual Studio Code 中，可以看到工作空间里多了一个 cv_pkg 文件夹，如图 7-5 所示。在其 src 子文件夹上单击鼠标右键，选择 New File 新建一个代码文件。

新建的代码文件命名为 cv_image_node. cpp，如图 7-6 所示。

197

图 7-4　源码包创建成功

图 7-5　新建文件

图 7-6　命名文件

命名完毕后，在 IDE 的右侧开始编写 cv_image_node.cpp 的代码。其内容如下：

```cpp
#include<ros/ros.h>
#include<cv_bridge/cv_bridge.h>
#include<sensor_msgs/image_encodings.h>
#include<opencv2/imgproc/imgproc.hpp>
#include<opencv2/highgui/highgui.hpp>

using namespace cv;

void Cam_RGB_Callback(const sensor_msgs::ImageConstPtr&msg)
{
    cv_bridge::CvImagePtr cv_ptr;
    try
```

```
    {
        cv_ptr=cv_bridge::toCvCopy(msg,sensor_msgs::image_encod-
ings::BGR8);
    }
    catch(cv_bridge::Exception&e)
    {
        ROS_ERROR("cv_bridge exception:%s",e.what());
        return;
    }

    Mat imgOriginal=cv_ptr->image;
    imshow("RGB",imgOriginal);
    waitKey(1);
}

int main(int argc,char**argv)
{
    ros::init(argc,argv,"cv_image_node");

    ros::NodeHandle nh;
     ros::Subscriber rgb_sub = nh.subscribe ("/kinect2/qhd/image_
color_rect",1,Cam_RGB_Callback);

    namedWindow("RGB");
    ros::spin();
}
```

（1）代码的开始部分，先 include 5 个头文件。

1）ros. h 是 ROS 的系统头文件。

2）cv_bridge. h 是 ROS 图像格式和 OpenCV 图像格式相互转换的函数头文件。

3）image_encodings. h 是图像数据编码格式头文件。

4）imgproc. hpp 是 OpenCV 的图像处理函数头文件。

5）highgui. hpp 是 OpenCV 里图像数据存储及显示函数的头文件。

（2）"using namespace cv" 表示引入 "cv" 这个函数空间，这样代码中调用的所有 OpenCV 函数都不用再带上空间名，直接写函数名即可。

（3）定义一个回调函数 Cam_RGB_Callback( )，用来处理视频流的单帧图像。其参数 msg 为 ROS 里携带图像数据的结构体，机器人每采集到一帧新的图像就会自动调用这个函数。

（4）在 Cam_RGB_Callback( ) 回调函数内部，使用 cv_bridge 的 toCvCopy( ) 函数将 msg 里的图像转换为 BGR8 格式，并保存在 cv_ptr 指针指向的内存区域。

（5）定义一个 Mat 类型的对象 imgOriginal，从 cv_ptr 中获取图像数据。Mat 是 OpenCV 中常用的图像数据类型，经过这步操作之后，就可以使用常规的 OpenCV 函数对 imgOriginal 进行处理，进入 OpenCV 的编程阶段。

（6）本实验不对 imgOriginal 做太多的处理，只是调用 imshow（）函数将图像显示在一个名为 RGB 窗口程序中，这个窗口的初始化在后面的 main（）函数里。

（7）调用 waitKey（1）让程序停顿 1ms，等待 imshow（）函数显示完成。

（8）接下来的 main（int argc，char * * argv）是 ROS 节点的主体函数，其参数定义和其他 C++语言程序一样。

（9）main（）函数里，首先调用 ros∷init（argc，argv，"cv_image_node"）进行该节点的初始化操作，函数的第三个参数是本实验节点名称。

（10）接下来声明一个 ros∷NodeHandle 对象 nh，并用 nh 生成一个订阅对象 rgb_sub，调用的参数里指明了 rgb_sub 将向主题"/kinect2/qhd/image_color_rect"订阅消息。机器人的摄像头启动后，会将图像数据源源不断地发布到这个主题上，这样程序就能持续激活 Cam_RGB_Callback（）回调函数。

（11）namedWindow（）是 OpenCV 的窗口初始化函数，通常与图像显示函数 imshow（）组合使用。这里初始化一个名为 RGB 的窗口，用来显示机器人相机获取的图像。图像的显示操作 imshow（）在前面定义的 Cam_RGB_Callback（）回调函数里。

（12）调用 ros∷spin（）挂起主函数，让回调函数（Cam_RGB_Callback）得以执行。如果没有 ros∷spin（），主函数会立刻返回，整个程序执行完毕退出，回调函数也就不会被激活调用。

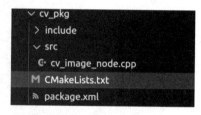

图 7-7　编译文件位置

程序编写完后，按下快捷键<Ctrl+S>保存。然后将源代码文件添加到编译文件里才能进行编译。编译文件在 cv_pkg 的目录下，文件名为 CMakeLists.txt，如图 7-7 所示。

在 Visual Studio Code 界面左侧工程目录中单击该文件，右侧会显示文件内容。对 CMakeLists.txt 的修改分为 3 个部分。

（1）使用 find_package（）查找并引入 OpenCV 依赖包，如图 7-8 所示。代码如下：

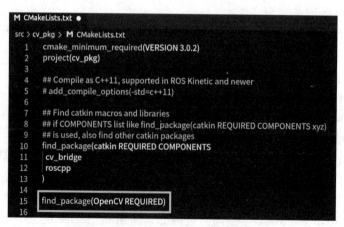

图 7-8　添加依赖包

```
find_package(OpenCV REQUIRED)
```

（2）添加 OpenCV 的函数头文件目录路径，如图 7-9 所示。代码如下：

```
${OpenCV_INCLUDE_DIRS}
```

```
M CMakeLists.txt ×
src > cv_pkg > M CMakeLists.txt
    117    ## Specify additional locations of header files
    118    ## Your package locations should be listed before other locations
    119    include_directories(
    120    # include
    121     ${catkin_INCLUDE_DIRS}
    122     ${OpenCV_INCLUDE_DIRS}
    123    )
```

图 7-9　添加头文件目录路径

（3）为 cv_image_node. cpp 添加编译规则，如图 7-10 所示。代码如下：

```
add_executable(cv_image_node src/cv_image_node.cpp)
add_dependencies(cv_image_node
 ${${PROJECT_NAME}_EXPORTED_TARGETS} ${catkin_EXPORTED_TARGETS})
target_link_libraries(cv_image_node ${catkin_LIBRARIES} ${OpenCV_
LIBS})
```

```
M CMakeLists.txt ×
src > cv_pkg > M CMakeLists.txt
    206    ## Add folders to be run by python nosetests
    207    # catkin_add_nosetests(test)
    208
    209    add_executable(cv_image_node
    210     src/cv_image_node.cpp
    211    )
    212    add_dependencies(cv_image_node ${${PROJECT_NAME}_EXPORTED_TARGETS} ${catkin_EXPORTED_TARGETS})
    213    target_link_libraries(cv_image_node
    214     ${catkin_LIBRARIES}
    215     ${OpenCV_LIBS}
    216    )
    217
```

图 7-10　添加编译规则

同样，修改完需要按快捷键<Ctrl+S>进行保存。下面开始进行代码文件的编译，启动一个终端程序，输入如下指令进入 ROS 的工作空间，如图 7-11 所示。

图 7-11　进入工作空间

```
cd~/catkin_ws/
```

然后执行如下指令开始编译，如图 7-12 所示。

```
catkin_make
```

图 7-12　文件编译

执行这条指令之后，会出现滚动的编译信息，直到出现"［100%］Built target cv_image_node"信息，此时新的 cv_image_node 节点已经编译成功。

7.1.2　对例程进行仿真

下面启动运行 cv_image_node 节点的虚拟仿真环境。这个仿真环境要用到前面章节介绍的 wpr_simulation 和 wpb_home 开源工程，需要确认其代码已经下载到工作空间中并进行了编译。然后打开一个终端程序，输入如下指令，如图 7-13 所示。

```
roslaunch wpr_simulation wpb_balls.launch
```

图 7-13　启动程序

按<Enter>键执行，会启动一个 Gazebo 窗口，如图 7-14 所示，一台机器人面前摆放着 4 个颜色球，机器人的头部相机俯视着这些颜色球。

202

图 7-14　Gazebo 窗口　　　　　　　　　　　　　　　　　图 7-14 彩图

启动一个新的终端程序，输入以下指令运行 cv_image_node 节点，如图 7-15 所示。

```
rosrun cv_pkg cv_image_node
```

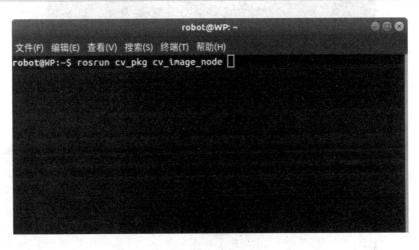

图 7-15　启动程序

按下 <Enter> 键，cv_image_node 节点就启动起来了。如图 7-16 所示，此时会弹出一个名为 RGB 窗口程序，显示机器人头部相机所看到的 4 个颜色球的图像。

为了测试这个图像是不是实时获取的，可以借助 wpr_simulation 附带的程序让中间的桔色球动起来，以便进行对比观察。打开一个新的终端程序，输入如下指令，如图 7-17 所示。

```
rosrun wpr_simulation ball_random_move
```

图 7-16 彩图

图 7-16　弹出窗口

图 7-17　启动程序

执行之后，可以看到 Gazebo 里的桔色球开始随机运动，如图 7-18 所示。

图 7-18 彩图

图 7-18　桔色球随机运动

此时再切换到 RGB 窗口，如图 7-19 所示，可以看到图像中的桔色球也跟着运动，说明这个采集到的图像是实时更新的。

图 7-19　RGB 窗口

图 7-19 彩图

另外，还可以试试下面这些指令，让其他的颜色球也随机运动。

红色球	rosrun wpr_simulation ball_random_move red
绿色球	rosrun wpr_simulation ball_random_move green
蓝色球	rosrun wpr_simulation ball_random_move blue

cv_image_node. cpp 在 wpr_simulation 中有一个对应的例程，当遇到编译问题时可以在 Visual Studio Code 中打开这个例程源代码文件进行对比参考。文件位置如下：

```
~/catkin_ws/src/wpr_simulation/src/demo_cv_image.cpp
```

其运行的指令如下：

```
rosrun wpr_simulation demo_cv_image
```

7.1.3　在真机上运行实例

这个程序也能在启智 ROS 机器人的真机上运行，运行前需要做好如下准备工作：
（1）按照启智 ROS 的实验指导书配置好运行环境和相关的驱动源码包。
（2）将 cv_pkg 复制到机器人计算机的~/catkin_ws/src 目录中，运行 catkin_make 编译完成。
（3）确认机器人上的所有硬件连接已经安插完毕。
上述准备工作完成后，可以开始运行本节程序示例。打开机器人底盘上的电源开关，在机器人计算机上打开一个终端程序，输入如下指令：

```
roslaunch wpb_home_bringup kinect_test. launch
```

接下来启动一个新的终端程序，输入如下指令：

```
rosrun cv_pkg cv_image_node
```

按<Enter>键执行，可以看到机器人头部相机采集到的彩色图像。

7.2 使用 OpenCV 进行颜色特征提取和目标定位

使用 OpenCV 实现机器人视觉中的颜色特征提取和目标定位功能，如图 7-20 所示。

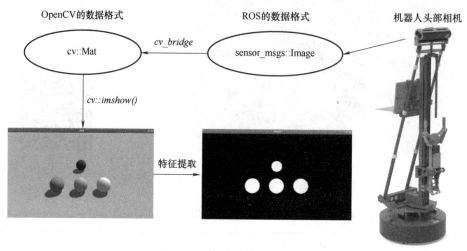

图 7-20　视觉图像数据提取

7.2.1　编写例程代码

在编写例程代码前，先确定这个例程需要实现的内容：

（1）对机器人视觉图像进行颜色空间转换，从 RGB 空间转换到 HSV 空间，排除光照影响。

（2）对转换后的图像进行二值化处理，将目标物体分割提取出来。

（3）对提取到的目标像素进行计算统计，得出目标物的质心坐标。

向 cv_pkg 里添加新的 node。在 IDE 左侧栏中找到 cv_pkg 文件夹，如图 7-21 所示，在其 src 子文件夹上单击鼠标右键，选择 New File 新建一个代码文件。

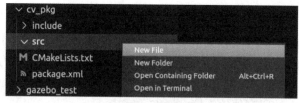

图 7-21　新建文件

新建的代码文件命名为 cv_hsv_node. cpp，如图 7-22 所示。

图 7-22　命名文件

命名完毕后，在 IDE 的右侧可以开始编写 cv_hsv_node.cpp 的代码。其内容如下：

```cpp
#include<ros/ros.h>
#include<cv_bridge/cv_bridge.h>
#include<sensor_msgs/image_encodings.h>
#include<opencv2/imgproc/imgproc.hpp>
#include<opencv2/highgui/highgui.hpp>

using namespace cv;
using namespace std;

static int iLowH=10;
static int iHighH=40;

static int iLowS=90;
static int iHighS=255;

static int iLowV=1;
static int iHighV=255;

void Cam_RGB_Callback(const sensor_msgs::ImageConstPtr&msg)
{
    cv_bridge::CvImagePtr cv_ptr;
    try
    {
        cv_ptr=cv_bridge::toCvCopy(msg,sensor_msgs::image_encod-
ings::BGR8);
    }
    catch(cv_bridge::Exception&e)
    {
        ROS_ERROR("cv_bridge exception:%s",e.what());
        return;
    }

    Mat imgOriginal=cv_ptr->image;

    //将 RGB 图片转换成 HSV
    Mat imgHSV;
    vector<Mat>hsvSplit;
    cvtColor(imgOriginal,imgHSV,COLOR_BGR2HSV);
```

```
//在 HSV 空间做直方图均衡化
split(imgHSV,hsvSplit);
equalizeHist(hsvSplit[2],hsvSplit[2]);
merge(hsvSplit,imgHSV);
Mat imgThresholded;

//使用上面的 Hue,Saturation 和 Value 的阈值范围对图像进行二值化
inRange(imgHSV,Scalar(iLowH,iLowS,iLowV),Scalar(iHighH,iHighS,
iHighV),imgThresholded);

//开操作(去除一些噪点)
Mat element=getStructuringElement(MORPH_RECT,Size(5,5));
morphologyEx(imgThresholded,imgThresholded,MORPH_OPEN,element);

//闭操作(连接一些连通域)
morphologyEx(imgThresholded,imgThresholded,MORPH_CLOSE,element);

//遍历二值化后的图像数据
int nTargetX=0;
int nTargetY=0;
int nPixCount=0;
int nImgWidth=imgThresholded.cols;
int nImgHeight=imgThresholded.rows;
int nImgChannels=imgThresholded.channels();
for(int y=0;y<nImgHeight;y++)
{
    for(int x=0;x<nImgWidth;x++)
    {
        if(imgThresholded.data[y*nImgWidth+x]==255)
        {
            nTargetX+=x;
            nTargetY+=y;
            nPixCount++;
        }
    }
}
if(nPixCount>0)
{
    nTargetX/=nPixCount;
```

```
        nTargetY/=nPixCount;
        printf("颜色质心坐标(%d,%d)   点数=%d\n",nTargetX,nTargetY,
nPixCount);
        //画坐标
        Point line_begin=Point(nTargetX-10,nTargetY);
        Point line_end=Point(nTargetX+10,nTargetY);
        line(imgOriginal,line_begin,line_end,Scalar(255,0,0),2);
        line_begin.x=nTargetX;line_begin.y=nTargetY-10;
        line_end.x=nTargetX;line_end.y=nTargetY+10;
        line(imgOriginal,line_begin,line_end,Scalar(255,0,0),2);
    }
    else
    {
        printf("目标颜色消失...\n");
    }

    //显示处理结果
    imshow("RGB",imgOriginal);
    imshow("Result",imgThresholded);
    cv::waitKey(5);
}

int main(int argc,char**argv)
{
    ros::init(argc,argv,"cv_hsv_node");

    ros::NodeHandle nh;
    ros::Subscriber rgb_sub=nh.subscribe("kinect2/qhd/image_color_
rect",1,Cam_RGB_Callback);

    ros::Rate loop_rate(30);

    //生成图像显示和参数调节的窗口
    namedWindow("Threshold",WINDOW_AUTOSIZE);

    createTrackbar("LowH","Threshold",&iLowH,179);//Hue(0-179)
    createTrackbar("HighH","Threshold",&iHighH,179);

    createTrackbar("LowS","Threshold",&iLowS,255);//Saturation(0-255)
```

```
    createTrackbar("HighS","Threshold",&iHighS,255);

    createTrackbar("LowV","Threshold",&iLowV,255);//Value(0-255)
    createTrackbar("HighV","Threshold",&iHighV,255);

    namedWindow("RGB");
    namedWindow("Result");
    while(ros::ok())
    {
        ros::spinOnce();
        loop_rate.sleep();
    }
}
```

（1）代码的开始部分，先 include 5 个头文件。

1）ros.h 是 ROS 的系统头文件。

2）cv_bridge.h 是 ROS 图像格式和 OpenCV 图像格式相互转换的函数头文件。

3）image_encodings.h 是图像数据编码格式头文件。

4）imgproc.hpp 是 OpenCV 的图像处理函数头文件。

5）highgui.hpp 是 OpenCV 里图像数据存储及显示函数的头文件。

（2）"using namespace cv" 表示引入 "cv" 这个函数空间，这样代码中调用的所有 OpenCV 函数都不用再带上空间名，直接写函数名即可。

（3）"using namespace std" 表示引入 "std" 标准库的函数空间，后面会用到容器 vector，可以不用带上空间名，保持简洁方便阅读。

（4）定义 6 个变量，分别是 HSV 颜色空间的 3 个向量的阈值范围。

1）iLowH 是色调（Hue）的下限值。

2）iHighH 是色调（Hue）的上限值。

3）iLowS 是颜色饱和度（Saturation）的下限值。

4）iHighS 是颜色饱和度（Saturation）的上限值。

5）iLowV 是颜色亮度（Value）的下限值。

6）iHighV 是颜色亮度（Value）的上限值。

HSV 即 "色调、饱和度、亮度"，是在颜色检测领域常用的一种颜色空间，将传统的 RGB（红绿蓝）图像转换到 HSV 空间后，可以很大程度上排除光照对颜色检测的影响，从而获得更好的颜色检测结果。

（5）定义一个回调函数 Cam_RGB_Callback()，用来处理视频流的单帧图像。其参数 msg 为 ROS 里携带图像数据的结构体，机器人每采集到一帧新的图像就会自动调用这个函数。

（6）在 Cam_RGB_Callback()回调函数内部，使用 cv_bridge 的 toCvCopy()函数将 msg 里的图像转换为 BGR8 格式，并保存在 cv_ptr 指针指向的内存区域。

（7）将 cv_ptr 指针指向的图像数据复制到 imgOriginal，使用 cvtColor 将其色彩空间转换成 HSV，然后进行直方图均衡化，再用设定的阈值进行像素二值化。二值化的目的是将图像中目标物（比如桔色的球）的像素标记出来以便计算位置坐标。二值化结果就是黑白图像，黑的为 0，白色为 1，其中白色区域就是目标物占据的像素空间。

（8）二值化后使用开操作（腐蚀）去除离散噪点，再使用闭操作（膨胀）将前一步操作破坏的大连通域再次连接起来。

（9）最后遍历二值化图像的所有像素，计算出桔色像素的坐标平均值，即为该颜色物体的质心。对于圆形这样中心对称的形状物体，可以认为质心坐标就是目标物的中心坐标。这里调用了 OpenCV 的 line() 函数，在 RGB 彩色图像中的目标物质心坐标处，绘制了一个蓝色的十字标记。

（10）在 Cam_RGB_Callback() 回调函数的末尾，使用 imshow() 函数将原始的彩色图像和最后二值化处理过的图像显示出来。绘制了物体质心坐标的彩色图像显示在一个标题为 RGB 的窗口中，二值化后的黑白图像显示在一个标题为 Result 的窗口中。最后还需要调用一个 cv::waitKey（5）；延时 5ms，让上面的两个图像能够刷新显示。

（11）接下来的 main（int argc，char ＊ ＊ argv）是 ROS 节点的主体函数，其参数定义和其他 C++语言程序一样。

（12）main 函数里，首先调用 ros::init（argc，argv,"cv_hsv_node"）进行该节点的初始化操作，函数的第三个参数是本实验节点名称。

（13）接下来声明一个 ros::NodeHandle 对象 nh，并用 nh 生成一个订阅对象 rgb_sub，调用的参数里指明了 rgb_sub 将向主题"/kinect2/qhd/image_color_rect"订阅消息。机器人的摄像头启动后，会将图像数据源源不断地发布到这个主题上，这样程序就能持续激活 Cam_RGB_Callback() 回调函数。

（14）这里使用一个 while（ros::ok()）循环，以 ros::ok() 返回值作为循环结束条件可以让循环在程序关闭时正常退出。为了准确控制这个循环的运行周期，生成了一个 ros::Rate 的频率对象 loop_rate，并在构造函数里赋初始值 30，表示这个 loop_rate 对象会让 while 循环每秒钟循环 30 次。

（15）在进入 while 主循环前，先进行一些初始化，使用 namedWindow() 初始化一个 Threshold 窗口。然后用 createTrackbar 给这个窗口添加 6 个滑动条，分别关联到程序开头声明的 6 个 HSV 的阈值变量，这样在运行的时候就可以用滑动条来实时调节这 6 个变量的数值大小。

（16）使用 namedWindow() 创建 RGB 和 Result 两个窗口，在前面的回调函数里将会在这两个窗口里显示图像数据。

（17）在 while 循环中，调用 ros::spinOnce() 函数给其他回调函数（本例程的回调函数是 Cam_RGB_Callback）。

（18）调用 loop_rate 的 sleep() 函数，确保 while 循环 1s 循环 30 次。

程序编写完后，按下快捷键<Ctrl+S>保存。然后将源代码文件添加到编译文件里才能进行编译。编译文件在 cv_pkg 的目录下，文件名为 CMakeLists. txt，如图 7-23 所示。

在 Visual Studio Code 界面左侧工程目录中单击该文件，右侧会显示文件内容。对 CMakeLists. txt 的修改分为 3 个部分。

（1）使用 find_package() 查找并引入 OpenCV 依赖包，如图 7-24 所示。代码如下：

```
find_package(OpenCV REQUIRED)
```

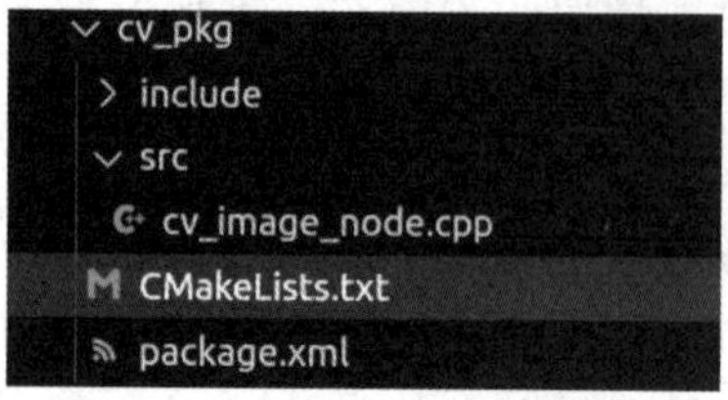

图 7-23　编译文件位置

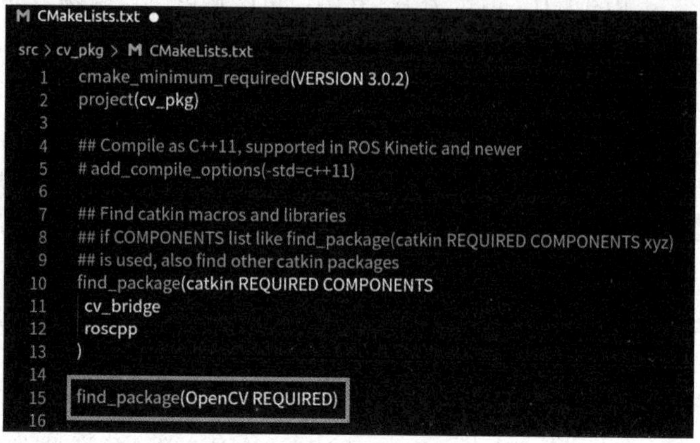

图 7-24　添加依赖包

（2）添加 OpenCV 的函数头文件目录路径，如图 7-25 所示。代码如下：

```
${OpenCV_INCLUDE_DIRS}
```

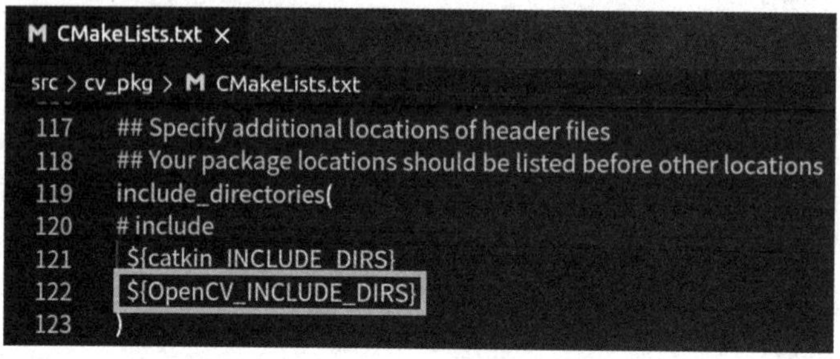

图 7-25　添加头文件目录路径

（3）为 cv_hsv_node. cpp 添加编译规则，如图 7-26 所示。代码如下：

```
add_executable(cv_hsv_node src/cv_hsv_node. cpp)
add_dependencies(cv_hsv_node
 ${ ${PROJECT_NAME}_EXPORTED_TARGETS} ${catkin_EXPORTED_TARGETS})
target_link_libraries(cv_hsv_node ${catkin_LIBRARIES} ${OpenCV_
LIBS})
```

同样，修改完需要按下快捷键<Ctrl+S>进行保存。下面开始进行代码文件的编译，启动一个终端程序，输入如下指令进入 ROS 的工作空间，如图 7-27 所示。

```
cd~/catkin_ws/
```

然后执行如下指令开始编译，如图 7-28 所示。

图 7-26 添加编译规则

图 7-27 进入工作空间

```
catkin_make
```

图 7-28 文件编译

执行这条指令之后，会出现滚动的编译信息，直到出现"［100%］Built target cv_hsv_node"信息，此时新的 cv_hsv_node 节点已经编译成功，如图 7-29 所示。

图 7-29 编译完成

7.2.2 对例程进行仿真

下面启动运行 cv_hsv_node 节点的虚拟仿真环境。这个仿真环境要用到前面章节介绍的 wpr_simulation 和 wpb_home 开源工程，需要确认其代码已经下载到工作空间中并进行了编译。打开一个终端程序，输入如下指令，如图 7-30 所示。

```
roslaunch wpr_simulation wpb_balls.launch
```

图 7-30　启动程序

按<Enter>键执行，会启动一个 Gazebo 窗口，如图 7-31 所示，一台机器人面前摆着 4 个颜色球，机器人的头部相机俯视着这些球。

图 7-31 彩图

图 7-31　Gazebo 窗口

启动一个新的终端程序，输入以下指令运行 cv_hsv_node 节点，如图 7-32 所示。

```
rosrun cv_pkg cv_hsv_node
```

按下<Enter>键，cv_hsv_node 节点就启动起来了。此时会弹出 3 个窗口。

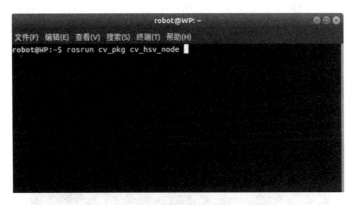

图 7-32 启动程序

（1）RGB 窗口程序，如图 7-33 所示，里面显示的是机器人头部相机所看到的 4 个颜色球的图像。

图 7-33 弹出 RGB 窗口

图 7-33 彩图

（2）Threshold 窗口程序，如图 7-34 所示，里面显示的是当前使用的 HSV 颜色阈值。可以使用鼠标直接拖动窗口中的滑杆来改变阈值大小，在其他窗口中会实时显示阈值变化的效果。

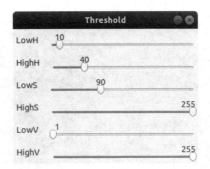

图 7-34 弹出 Threshold 窗口

（3）Result 窗口程序，如图 7-35 所示，里面显示的是转换颜色空间并二值化后的结果。

215

白色的部分是检测到目标物的像素区域，黑色的部分是被剔除掉的非目标物的像素区域。

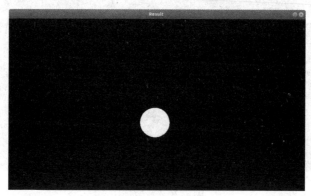

图 7-35　弹出 Result 窗口

切换到运行 cv_hsv_node 节点的终端窗口，如图 7-36 所示，可以看到检测到的目标物的中心坐标值。

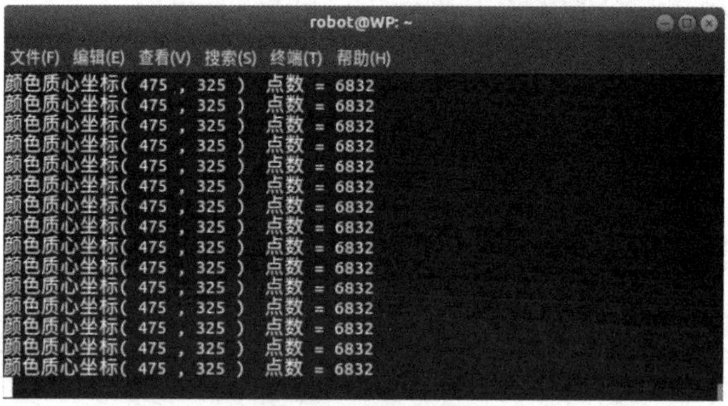

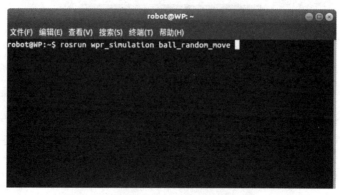

图 7-36　获取数据

机器人头部使用的相机是 Kinect v2，采集它的 QHD 图像，分辨率是 960 像素×540 像素。颜色质心的坐标原点在图像的左上角，对照前面 RGB 彩色中绘出的目标位置（蓝色十字标记），可以看到最后计算的目标物质心坐标和图像显示结果大致相同。

可以借助 wpr_simulation 附带的程序让中间的桔色球动起来，以观察目标物运动时，检测算法是否继续奏效。打开一个新的终端程序，输入如下指令，如图 7-37 所示。

图 7-37　启动程序

```
rosrun wpr_simulation ball_random_move
```

执行之后，可以看到 Gazebo 里的桔色球开始随机运动，如图 7-38 所示。

图 7-38　桔色球随机运动　　　　　　　　图 7-38 彩图

此时再切换到 RGB 窗口程序，可以看到图像中的桔色球也跟着运动，如图 7-39 所示。

图 7-39　RGB 窗口　　　　　　图 7-39 彩图

回到运行 cv_hsv_node 节点的终端窗口，如图 7-40 所示，可以看到目标中心坐标值也相应变化。

图 7-40　获取数据

cv_hsv_node.cpp 在 wpr_simulation 中有一个对应的例程，当遇到编译问题时可以在 Visual Studio Code 中打开这个例程源代码文件进行对比参考。文件位置如下：

~/catkin_ws/src/wpr_simulation/src/demo_cv_hsv.cpp

其运行指令如图 7-41 所示。

rosrun wpr_simulation demo_cv_hsv

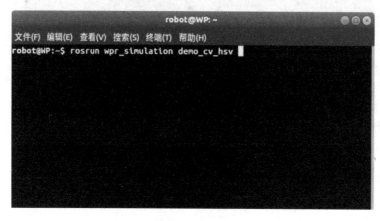

图 7-41　启动程序

此外，还可以在 Threshold 窗口中改变目标颜色的 HSV 阈值范围，锁定其他颜色的目标球。然后使用下面指令，让其他的颜色球也随机运动，验证这种算法的普适性，如图 7-42、图 7-43、图 7-44 所示。

红色球	rosrun wpr_simulation ball_random_move red
绿色球	rosrun wpr_simulation ball_random_move green
蓝色球	rosrun wpr_simulation ball_random_move blue

图 7-42 彩图

图 7-42　RGB 窗口

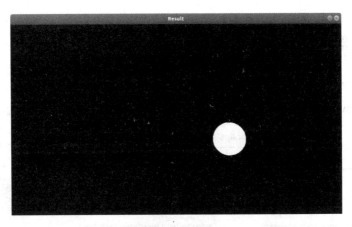

图 7-43　Result 窗口

图 7-44　绿色球随机移动

图 7-44 彩图

7.2.3　在真机上运行实例

这个程序也能在启智 ROS 机器人的真机上运行，运行前需要做好如下准备工作：

（1）按照启智 ROS 的实验指导书配置好运行环境和相关的驱动源码包。

（2）将 cv_pkg 复制到机器人计算机的 ~/catkin_ws/src 目录中，运行 catkin_make 编译完成。

（3）确认机器人上的所有硬件连接已经安插完毕。

上述准备工作完成后，可以开始运行本节程序示例。在机器人面前放置一个纯色物体，打开机器人底盘上的电源开关，在机器人计算机上打开一个终端程序，输入如下指令：

```
roslaunch wpb_home_bringup kinect_test.launch
```

接下来启动一个新的终端程序，输入如下指令：

```
rosrun cv_pkg cv_hsv_node
```

按<Enter>键执行，在弹出的 Threshold 窗口中拖动滑杆改变阈值范围，查看 RGB 窗口中的颜色特征提取和定位效果。

7.3 实现机器人的目标跟随

本节根据目标位置计算速度并输出给机器人，完成一个目标跟随闭环控制，如图 7-45 所示。

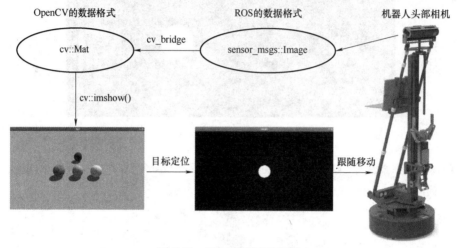

图 7-45 目标跟随闭环控制

7.3.1 编写例程代码

在编写例程代码前，先确定这个例程需要实现的内容：

（1）使用 OpenCV 进行颜色特征提取和目标定位。

（2）根据目标位置计算机器人运动速度，完成目标跟随功能。

向 cv_pkg 里添加新的 node。在 IDE 左侧栏中找到 cv_pkg 文件夹，如图 7-46 所示，在其 src 子文件夹上单击鼠标右键，选择 New File 新建一个代码文件。

图 7-46 新建文件

新建的代码文件命名为 cv_follow_node. cpp，如图 7-47 所示。

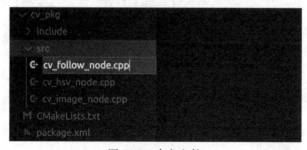

图 7-47 命名文件

命名完毕后，在 IDE 的右侧可以开始编写 cv_follow_node. cpp 的代码。其内容如下：

```cpp
#include<ros/ros.h>
#include<cv_bridge/cv_bridge.h>
#include<sensor_msgs/image_encodings.h>
#include<opencv2/imgproc/imgproc.hpp>
#include<opencv2/highgui/highgui.hpp>
#include<geometry_msgs/Twist.h>

using namespace cv;
using namespace std;

static int iLowH=10;
static int iHighH=40;

static int iLowS=90;
static int iHighS=255;

static int iLowV=1;
static int iHighV=255;

geometry_msgs::Twist vel_cmd;          //速度消息包
ros::Publisher vel_pub;                //速度发布对象

void Cam_RGB_Callback(const sensor_msgs::ImageConstPtr&msg)
{
    cv_bridge::CvImagePtr cv_ptr;
    try
    {
        cv_ptr=cv_bridge::toCvCopy(msg,sensor_msgs::image_encod-
ings::BGR8);
    }
    catch(cv_bridge::Exception&e)
    {
        ROS_ERROR("cv_bridge exception:%s",e.what());
        return;
    }

    Mat imgOriginal=cv_ptr->image;

    //将 RGB 图片转换成 HSV
```

```
Mat imgHSV;
vector<Mat>hsvSplit;
cvtColor(imgOriginal,imgHSV,COLOR_BGR2HSV);

//在 HSV 空间做直方图均衡化
split(imgHSV,hsvSplit);
equalizeHist(hsvSplit[2],hsvSplit[2]);
merge(hsvSplit,imgHSV);
Mat imgThresholded;

//使用上面的 Hue,Saturation 和 Value 的阈值范围对图像进行二值化
inRange(imgHSV,Scalar(iLowH,iLowS,iLowV),Scalar(iHighH,iHighS,
iHighV),imgThresholded);

//开操作(去除一些噪点)
Mat element=getStructuringElement(MORPH_RECT,Size(5,5));
 morphologyEx(imgThresholded,imgThresholded,MORPH_OPEN,ele-
ment);

//闭操作(连接一些连通域)
 morphologyEx(imgThresholded,imgThresholded,MORPH_CLOSE,ele-
ment);

//遍历二值化后的图像数据
int nTargetX=0;
int nTargetY=0;
int nPixCount=0;
int nImgWidth=imgThresholded.cols;
int nImgHeight=imgThresholded.rows;
int nImgChannels=imgThresholded.channels();
printf("横向宽度=%d  纵向高度=%d\n",nImgWidth,nImgHeight);
for(int y=0;y<nImgHeight;y++)
{
    for(int x=0;x<nImgWidth;x++)
    {
        if(imgThresholded.data[y*nImgWidth+x]==255)
        {
            nTargetX+=x;
            nTargetY+=y;
```

```
                    nPixCount++;
                }
            }
        }
        if(nPixCount>0)
        {
            nTargetX/=nPixCount;
            nTargetY/=nPixCount;
            printf("颜色质心坐标(%d,%d)  点数=%d\n",nTargetX,nTargetY,
nPixCount);
            //画坐标
            Point line_begin=Point(nTargetX-10,nTargetY);
            Point line_end=Point(nTargetX+10,nTargetY);
            line(imgOriginal,line_begin,line_end,Scalar(255,0,0),3);
            line_begin.x=nTargetX;line_begin.y=nTargetY-10;
            line_end.x=nTargetX;line_end.y=nTargetY+10;
            line(imgOriginal,line_begin,line_end,Scalar(255,0,0),3);
            //计算机器人运动速度
            float fVelFoward=(nImgHeight/2-nTargetY)*0.002;//差值*比例
            float fVelTurn=(nImgWidth/2-nTargetX)*0.003;   //差值*比例
            vel_cmd.linear.x=fVelFoward;
            vel_cmd.linear.y=0;
            vel_cmd.linear.z=0;
            vel_cmd.angular.x=0;
            vel_cmd.angular.y=0;
            vel_cmd.angular.z=fVelTurn;
        }
        else
        {
            printf("目标颜色消失...\n");
            vel_cmd.linear.x=0;
            vel_cmd.linear.y=0;
            vel_cmd.linear.z=0;
            vel_cmd.angular.x=0;
            vel_cmd.angular.y=0;
            vel_cmd.angular.z=0;
        }

        vel_pub.publish(vel_cmd);
        printf("机器人运动速度(linear=%.2f,angular=%.2f)\n",vel_
cmd.linear.x,vel_cmd.angular.z);
```

223

```
    //显示处理结果
    imshow("RGB",imgOriginal);
    imshow("Result",imgThresholded);
    cv::waitKey(1);
}

int main(int argc,char**argv)
{
    ros::init(argc,argv,"cv_follow_node");

    ros::NodeHandle nh;
    ros::Subscriber rgb_sub=nh.subscribe("kinect2/qhd/image_color_
rect",1,Cam_RGB_Callback);
    vel_pub=nh.advertise<geometry_msgs::Twist>("/cmd_vel",30);

    ros::Rate loop_rate(30);

    //生成图像显示和参数调节的窗口空间
    namedWindow("Threshold",WINDOW_AUTOSIZE);

    createTrackbar("LowH","Threshold",&iLowH,179);//Hue(0-179)
    createTrackbar("HighH","Threshold",&iHighH,179);

    createTrackbar("LowS","Threshold",&iLowS,255);//Saturation(0-255)
    createTrackbar("HighS","Threshold",&iHighS,255);

    createTrackbar("LowV","Threshold",&iLowV,255);//Value(0-255)
    createTrackbar("HighV","Threshold",&iHighV,255);

    namedWindow("RGB");
    namedWindow("Result");
    while(ros::ok())
    {
        ros::spinOnce();
        loop_rate.sleep();
    }
}
```

（1）代码的开始部分，先 include 6 个头文件。

1）ros. h 是 ROS 的系统头文件。

2）cv_bridge. h 是 ROS 图像格式和 OpenCV 图像格式相互转换的函数头文件。

3）image_encodings. h 是图像数据编码格式头文件。

4）imgproc. hpp 是 OpenCV 的图像处理函数头文件。

5）highgui. hpp 是 OpenCV 里图像数据存储及显示函数的头文件。

6）Twist. h 是 ROS 速度控制消息包的定义头文件。

（2）"using namespace cv"表示引入"cv"这个函数空间，这样代码中调用的所有 OpenCV 函数都不用再带上空间名，直接写函数名即可。

（3）"using namespace std"表示引入"std"标准库的函数空间，后面会用到容器 vector，可以不用带上空间名，保持简洁方便阅读。

（4）定义 6 个变量，分别是 HSV 颜色空间的 3 个向量的阈值范围。

1）iLowH 是色调（Hue）的下限值。

2）iHighH 是色调（Hue）的上限值。

3）iLowS 是颜色饱和度（Saturation）的下限值。

4）iHighS 是颜色饱和度（Saturation）的上限值。

5）iLowV 是颜色亮度（Value）的下限值。

6）iHighV 是颜色亮度（Value）的上限值。

HSV 即"色调、饱和度、亮度"，是在颜色检测领域常用的一种颜色空间，将传统的 RGB（红绿蓝）图像转换到 HSV 空间后，可以很大程度上排除光照对颜色检测的影响，从而获得更好的颜色检测结果。

（5）定义一个回调函数 Cam_RGB_Callback（），用来处理视频流的单帧图像。其参数 msg 为 ROS 里携带图像数据的结构体，机器人每采集到一帧新的图像就会自动调用这个函数。

（6）在 Cam_RGB_Callback（）回调函数内部，使用 cv_bridge 的 toCvCopy（）函数将 msg 里的图像转换为 BGR8 格式，并保存在 cv_ptr 指针指向的内存区域。

（7）将 cv_ptr 指针指向的图像数据复制到 imgOriginal，使用 cvtColor 将其色彩空间转换成 HSV，然后进行直方图均衡化，再用设定的阈值进行像素二值化。二值化的目的是将图像中目标物（比如桔色的球）的像素标记出来以便计算位置坐标。二值化结果就是黑白图像，黑色为 0，白色为 1，其中白色区域就是目标物占据的像素空间。

（8）二值化后使用开操作（腐蚀）去除离散噪点，再使用闭操作（膨胀）将前一步操作破坏的大连通域再次连接起来。

（9）最后遍历二值化图像的所有像素，计算出桔色像素的坐标平均值，即为该颜色物体的质心。对于圆形这样中心对称的形状物体，可以认为质心坐标就是目标物的中心坐标。这里调用了 OpenCV 的 line（）函数，在 RGB 彩色图像中的目标物质心坐标处，绘制了一个蓝色的十字标记。

（10）得到目标物中心坐标后，开始计算机器人跟随运动的速度值。假定机器人跟上目标时，目标物位于机器人视野图像的正中心，也就是横坐标为 nImgWidth/2，纵坐标为 nImgHeight/2。于是可以用目标物当前坐标值去减视野中心的坐标值，得到一组误差值，将这组误差值乘以比例系数，作为速度值输出给机器人，就可以控制机器人运动，让目标物在机器人视野中逐步趋近中心坐标，以此达到跟随目标的效果。在本例程序中，把纵坐标差值乘以一个系数 0.002 作为机器人前后移动的速度值，把横坐标差值乘以一个系数 0.003 作为机器人的旋转速度值。

（11）在 Cam_RGB_Callback（）回调函数的末尾，使用 imshow（）函数将原始的彩色图像和最后二值化处理过的图像显示出来。绘制了物体质心坐标的彩色图像显示在一个标题为 RGB 的窗口中，二值化后的黑白图像显示在一个标题为 Result 的窗口中。最后还需要调用一个 cv::waitKey（1）；延时 1ms，让上面的两个图像能够刷新显示。

（12）接下来的 main（int argc，char＊＊argv）是 ROS 节点的主体函数，其参数定义和其他 C++语言程序一样。

（13）main（）函数里，首先调用 ros::init（argc，argv，"cv_follow_node"）进行该节点的初始化操作，函数的第三个参数是本实验节点名称。

（14）接下来声明一个 ros::NodeHandle 对象 nh，并用 nh 生成一个订阅对象 rgb_sub，调用的参数指明了 rgb_sub 将向主题 "/kinect2/qhd/image_color_rect" 订阅消息。机器人的摄像头启动后，会将图像数据源源不断地发布到这个主题上，这样程序就能持续激活 Cam_RGB_Callback（）回调函数。

（15）使用 nh 发布一个主题 "/cmd_vel"，发布对象为前面定义的 vel_pub。在回调函数中，通过 vel_pub 将机器人速度值发送到主题 "/cmd_vel" 中，机器人的核心节点会从这个主题获取速度值，驱动机器人进行运动。

（16）这里使用一个 while（ros::ok（）） 循环，以 ros::ok（）返回值作为循环结束条件可以让循环在程序关闭时正常退出。为了准确控制这个循环的运行周期，生成了一个 ros::Rate 的频率对象 loop_rate，并在构造函数里赋初值 30，表示这个 loop_rate 对象会让 while 循环每秒钟循环 30 次。

（17）在进入 while 主循环前，先进行一些初始化，使用 namedWindow 初始化一个 Threshold 窗口。然后用 createTrackbar 给这个窗口添加 6 个滑动条，分别关联到程序开头声明的 6 个 HSV 的阈值变量，这样在运行的时候就可以用滑动条来实时调节这 6 个变量的数值大小。

（18）使用 namedWindow 创建 RGB 和 Result 两个窗口，在前面的回调函数里将会在这两个窗口里显示图像数据。

（19）在 while 循环中，调用 ros::spinOnce（）函数给其他回调函数（本例程的回调函数是 Cam_RGB_Callback）。

（20）调用 loop_rate 的 sleep（）函数，确保 while 循环 1s 循环 30 次。

程序编写完后，按下快捷键<Ctrl+S>保存。然后将源代码文件添加到编译文件里才能进行编译。编译文件在 cv_pkg 的目录下，文件名为 CMakeLists.txt，如图 7-48 所示。

在 Visual Studio Code 界面左侧工程目录中单击该文件，右侧会显示文件内容。对 CMakeLists.txt 的修改分为 3 个部分。

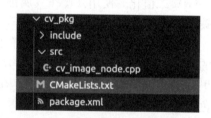

图 7-48　编译文件位置

（1）使用 find_package（）查找并引入 OpenCV 依赖包，如图 7-49 所示。

（2）添加 OpenCV 的函数头文件目录路径，如图 7-50 所示。

（3）为 cv_follow_node.cpp 添加编译规则，如图 7-51 所示。代码如下：

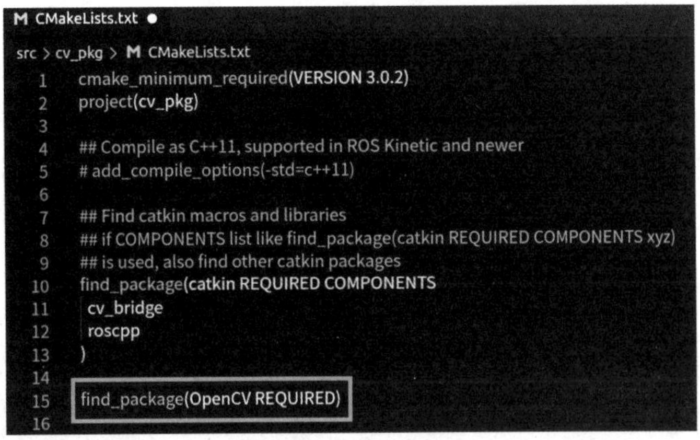

图 7-49　添加依赖包

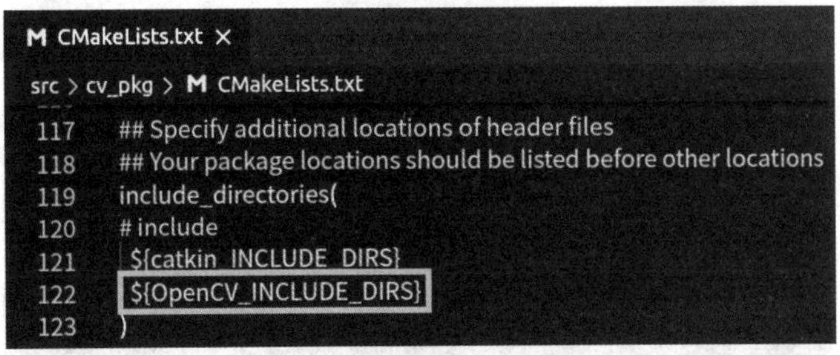

图 7-50　添加头文件目录路径

```
add_executable(cv_follow_node src/cv_follow_node.cpp)
add_dependencies(cv_follow_node
${${PROJECT_NAME}_EXPORTED_TARGETS} ${catkin_EXPORTED_TARGETS})
target_link_libraries(cv_follow_node ${catkin_LIBRARIES} ${OpenCV
_LIBS})
```

图 7-51　添加编译规则

同样，修改完需要按快捷键<Ctrl+S>进行保存。下面开始进行代码文件的编译，启动一个终端程序，输入如下指令进入 ROS 的工作空间，如图 7-52 所示。

```
cd~/catkin_ws/
```

图 7-52 进入工作空间

然后执行如下指令开始编译，如图 7-53 所示。

```
catkin_make
```

图 7-53 文件编译

执行这条指令之后，会出现滚动的编译信息，直到出现"［100%］Built target cv_follow_node"信息，此时新的 cv_follow_node 节点已经编译成功。

7.3.2 对例程进行仿真

下面启动运行 cv_follow_node 节点的虚拟仿真环境。这个仿真环境要用到前面章节介绍的 wpr_simulation 和 wpb_home 开源工程，需要确认其代码已经下载到工作空间中并进行了编译。打开一个终端程序，输入如下指令，如图 7-54 所示。

图 7-54 启动程序

```
roslaunch wpr_simulation wpb_balls.launch
```

按<Enter>键执行，会启动一个 Gazebo 窗口，如图 7-55 所示，一台机器人面前摆着 4 个颜色球，机器人的头部相机俯视着这些球。

图 7-55　Gazebo 窗口

图 7-55 彩图

运行 cv_follow_node 节点需要启动一个新的终端程序，输入如下指令，如图 7-56 所示。

```
rosrun cv_pkg cv_follow_node
```

图 7-56　启动程序

按下<Enter>键，cv_follow_node 节点就启动起来了。此时会弹出 3 个窗口。

（1）RGB 窗口程序，如图 7-57 所示，里面显示的是机器人头部相机所看到的 4 个颜色球的图像。

（2）Threshold 窗口程序，如图 7-58 所示，里面显示的是当前使用的 HSV 颜色阈值。可以使用鼠标直接拖动窗口中的滑杆来改变阈值大小，在其他窗口中会实时显示阈值变化的效果。

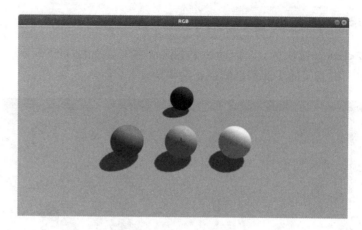

图 7-57 彩图

图 7-57　RGB 窗口

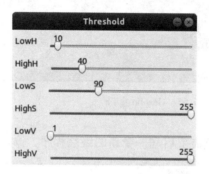

图 7-58　Threshold 窗口

（3）Result 窗口程序，如图 7-59 所示，里面显示的是转换颜色空间并二值化后的结果。白色的部分是检测到目标物的像素区域，黑色的部分是被剔除掉的非目标物的像素区域。

图 7-59　Result 窗口

切换到运行 cv_follow_node 节点的终端窗口，如图 7-60 所示，可以看到 3 组信息。

（1）视频图像的横向宽度和纵向高度。

（2）检测到的目标物的中心坐标值。

（3）输出给机器人的速度控制信息。

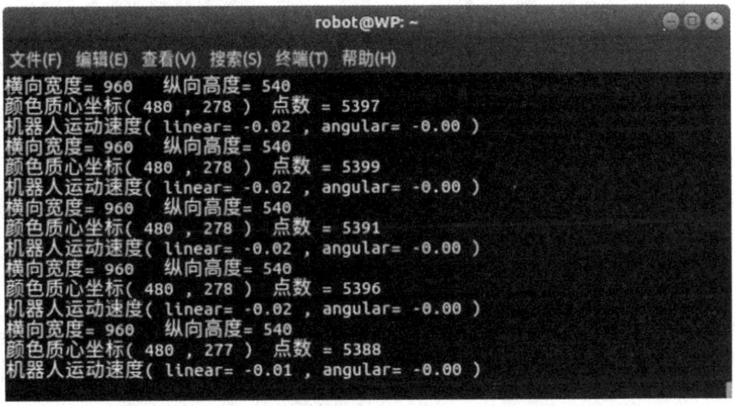

图 7-60　获取数据

此时机器人开始运动。在终端信息中，可以看到图像的纵向高度是 540，中心点纵坐标为 540÷2＝270。而目标物的纵坐标为 278，中间有 8 个像素的差值，所以机器人的速度控制信息 linear. x 输出为−8×0.002＝−0.016≈−0.02，机器人向后退。在仿真环境里观察，确实是如此。

此时可以借助 wpr_simulation 附带的程序让中间的桔色球动起来，以观察机器人跟随目标的运动效果。打开一个新的终端程序，输入如下指令，如图 7-61 所示。

```
rosrun wpr_simulation ball_random_move
```

图 7-61　启动程序

执行之后，如图 7-62 所示，可以看到 Gazebo 里的桔色球开始随机运动，机器人也开始跟随其运动。

cv_follow_node. cpp 在 wpr_simulation 中有一个对应的例程，当遇到编译问题时可以在 Visual Studio Code 中打开这个例程源代码文件进行对比参考。文件位置如下：

231

图 7-62 彩图

图 7-62　桔色球随机运动

```
~/catkin_ws/src/wpr_simulation/src/demo_cv_follow.cpp
```

其运行指令如图 7-63 所示。

```
rosrun wpr_simulation demo_cv_follow
```

图 7-63　启动程序

可以在 Threshold 窗口中改变目标颜色的 HSV 阈值范围，锁定其他颜色的目标球。然后使用下面这些指令，让其他的颜色球也随机运动，验证这种算法的普适性。

红色球	rosrun wpr_simulation ball_random_move red
绿色球	rosrun wpr_simulation ball_random_move green
蓝色球	rosrun wpr_simulation ball_random_move blue

本节将识别检测和运动行为结合起来，形成一个典型的视觉闭环控制系统。机器人与外部世界的交互形式虽然多样，但是本质上都是"识别→定位→操作"的闭环控制系统。通

过这样一个简单的例子,了解和学习这种实现思路,可以为将来构建更复杂的机器人系统奠定基础。

7.3.3 在真机上运行实例

这个程序也能在启智 ROS 机器人的真机上运行,运行前需要做好如下准备工作:

(1) 按照启智 ROS 的实验指导书配置好运行环境和相关的驱动源码包。

(2) 将 cv_pkg 复制到机器人计算机的 ~/catkin_ws/src 目录中,运行 catkin_make 编译完成。

(3) 确认机器人上的所有硬件连接已经安插完毕。

上述准备工作完成后,可以开始运行本节程序示例。在机器人面前放置一个纯色物体,打开机器人底盘上的电源开关,红色动力开关先别打开保持关闭状态。在机器人计算机上打开一个终端程序,输入如下指令:

```
roslaunch wpb_home_bringup kinect_base.launch
```

接下来启动一个新的终端程序,输入如下指令:

```
rosrun cv_pkg cv_follow_node
```

按<Enter>键执行,在弹出的 Threshold 窗口中拖动滑杆改变阈值范围,查看 RGB 窗口中的颜色特征提取和定位效果。当目标定位标记稳定在颜色物体上时,再打开机器人底盘上的红色动力开关,机器人会调整自身位置对准物体。缓慢移动物体,查看机器人的跟随效果。

7.4 实现机器人的人脸检测

如图 7-64 所示,尝试在仿真环境中完成人脸识别功能。然后对比移植到真实机器人实体上的运行效果。

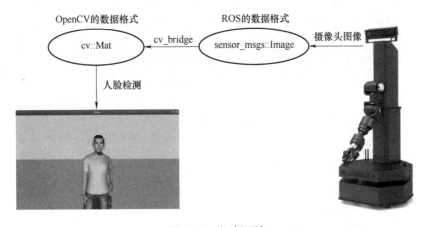

图 7-64 人脸识别

7.4.1 编写例程代码

在编写例程代码前,先确定这个例程需要实现的内容:

233

（1）从机器人头部相机获取彩色图像。

（2）使用 OpenCV 的级联分类器实现人脸检测。

向 cv_pkg 里添加新的 node。在 IDE 左侧栏中找到 cv_pkg 文件夹，如图 7-65 所示，在其 src 子文件夹上单击鼠标右键，选择 New File 新建一个代码文件。

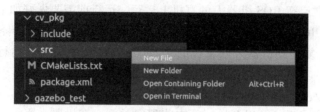

图 7-65　新建文件

新建的代码文件命名为 cv_face_detect. cpp，如图 7-66 所示。

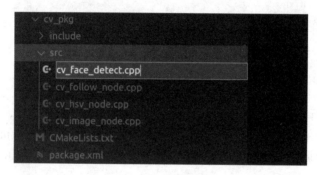

图 7-66　命名文件

命名完毕后，在 IDE 的右侧可以开始编写 cv_face_detect. cpp 的代码。其内容如下：

```cpp
#include<ros/ros. h>
#include<cv_bridge/cv_bridge. h>
#include<sensor_msgs/image_encodings. h>
#include<opencv2/imgproc/imgproc.hpp>
#include<opencv2/objdetect/objdetect.hpp>
#include<opencv2/highgui/highgui. hpp>

using namespace cv;

static CascadeClassifier face_cascade;

static Mat frame_gray;
static std::vector<Rect>faces;
static std::vector<cv::Rect>::const_iterator face_iter;

void callbackRGB (const sensor_msgs::ImageConstPtr&msg)
```

234

```
    {
        cv_bridge::CvImagePtr cv_ptr;
        cv_ptr=cv_bridge::toCvCopy(msg,sensor_msgs::image_encodings::
BGR8);
        Mat imgOriginal=cv_ptr->image;
        //转化成图像
        cvtColor(imgOriginal,frame_gray,CV_BGR2GRAY);
        equalizeHist(frame_gray,frame_gray);
        //进行人脸检测
        face_cascade.detectMultiScale(frame_gray,faces,1.1,9,0|CASCADE_
SCALE_IMAGE,Size(30,30));
        //在彩色图像中标注人脸位置
        if(faces.size()>0)
        {
            std::vector<cv::Rect>::const_iterator i;
            for(face_iter=faces.begin();face_iter!=faces.end();++face_i-
ter)
            {
                cv::rectangle(
                    imgOriginal,
                    cv::Point(face_iter->x,face_iter->y),
                    cv::Point(face_iter->x+face_iter->width,face_iter->
y+face_iter->height),
                    CV_RGB(255,0,255),
                    2);
            }
        }
        imshow("faces",imgOriginal);
        waitKey(1);
    }


    int main(int argc,char * * argv)
    {
        ros::init(argc,argv,"cv_face_detect");

        cv::namedWindow("faces");

        std::string strLoadFile;
```

```
char const * home = getenv ("HOME");
strLoadFile = home;
strLoadFile += "/catkin_ws";      //工作空间目录
 strLoadFile += "/src/wpr_simulation/config/haarcascade_fron-
talface_alt.xml";
bool res = face_cascade.load(strLoadFile);
if (res == false)
{
    ROS_ERROR ("fail to load haarcascade_frontalface_alt.xml");
  return 0;
}
ros::NodeHandle nh;
ros::Subscriber rgb_sub = nh.subscribe ("/kinect2/qhd/image_color_
rect",1,callbackRGB);

ros::spin();
return 0;
}
```

（1）代码的开始部分，先 include 6 个头文件。

1）ros.h 是 ROS 的系统头文件。

2）cv_bridge.h 是 ROS 图像格式和 OpenCV 图像格式相互转换的函数头文件。

3）image_encodings.h 是图像数据编码格式头文件。

4）imgproc.hpp 是 OpenCV 的图像处理函数头文件。

5）objdetect.hpp 是 OpenCV 的检测分类器的函数头文件。

6）highgui.hpp 是 OpenCV 里图像数据存储及显示函数的头文件。

（2）"using namespace cv" 表示引入 "cv" 这个函数空间，这样代码中调用的所有 OpenCV 函数都不用再带上空间名（cv::），直接写函数名即可。

（3）定义一个 CascadeClassifier 级联分类器，名称为 face_cascade，后面将会用这个级联分类器来检测视觉图像中的人脸。

（4）定义一个 Mat 类型的对象 frame_gray，用来作为图像处理过程的中间载体，后面会将彩色图像转换成灰度图像存储。

（5）定义一个 vector 类型容器 faces 以及对应的迭代器 face_iter。最后检测出的人脸信息将会存储在 faces 容器中，然后使用 face_iter 对这些信息进行读取访问。

（6）定义一个回调函数 callbackRGB()，用来处理机器人视觉的单帧图像。其参数 msg 为 ROS 里承载图像数据的结构体，机器人每采集到一帧新的图像就会自动调用这个函数。

（7）在 callbackRGB() 回调函数内部，使用 cv_bridge 的 toCvCopy() 函数将 msg 里的图像转换为 OpenCV 的 BGR8 彩色格式，并保存在 cv_ptr 指针指向的内存区域。

（8）将 cv_ptr 指针指向的彩色图像数据复制到 imgOriginal，使用 cvtColor 将其转换成黑白灰度图像，存储到 frame_gray 对象里。然后使用函数 equalizeHist() 对这个灰度图像进行直方图均衡化，增加图像对比度，突出灰度特征，能够提高人脸特征检出率。

（9）使用级联分类器 face_cascade 对处理后的灰度图像进行人脸检测，检测的结果存放在容器 faces 中。

（10）当 faces 容器中的数据超过 0 个时（至少检测出一个人脸），使用迭代器 face_iter 对 faces 中的人脸检测结果进行遍历，并根据每个人脸的位置尺寸信息，使用 OpenCV 的 rectangle（）函数在原来的彩色图像 imgOriginal 上绘制矩形方框，标示出检测结果。

（11）最后调用 OpenCV 的 imshow（）函数将绘制了人脸方框的彩色图像 imgOriginal 显示在一个标题为 faces 的窗口中。

（12）main（）函数主要进行一些初始化工作。首先调用 ros∶∶init（argc，argv，"cv_face_detect"）进行该节点的初始化操作，函数的第三个参数是该节点的名称。

（13）使用 namedWindow 创建一个标题为 faces 的浮动窗口，将会在这个窗口里显示人脸识别结果。

（14）对级联分类器 face_cascade 进行初始化工作，为其加载一个包含人脸特征的描述文件 haarcascade_frontalface_alt. xml。需要注意这个文件放置在 wpr_simulation 包中，路径中包含了工作空间目录（比如 "catkin_ws"）。如果工作空间目录和例程中的不一样，需要进行相应的调整。

（15）接下来声明一个 ros∶∶NodeHandle 对象 nh，并用 nh 生成一个订阅对象 rgb_sub，调用的参数指明了 rgb_sub 将向主题 "/kinect2/qhd/image_color_rect" 订阅消息。机器人的摄像头启动后，会将图像数据源源不断地发布到这个主题上，这样程序就能持续激活 callbackRGB（）回调函数。

（16）调用 ros∶∶spin（）函数将 main（）函数挂起，以免程序执行到这里就直接退出了。剩下的就是等待 callbackRGB（）回调函数不停地处理摄像头返回的彩色图像数据，输出人脸检测的结果。

完成代码编写后，还需要将源代码文件添加到编译规则文件里才能进行编译。这个编译规则文件在 cv_pkg 的目录下，文件名为 CMakeLists. txt，如图 7-67 所示。

在 Visual Studio Code 界面左侧工程目录中单击该文件，右侧会显示文件内容。对 CMakeLists. txt 的修改分为 3 个部分。

（1）使用 find_package（）查找并引入 OpenCV 依赖包，如图 7-68 所示。

图 7-67　编译文件位置 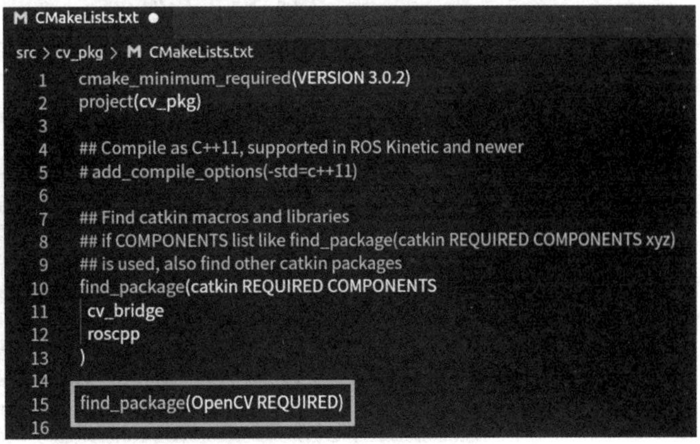　　　　　　　　　　图 7-68　添加依赖包

（2）添加 OpenCV 的函数头文件目录路径，如图 7-69 所示。

```
M CMakeLists.txt ×
src > cv_pkg > M CMakeLists.txt
117    ## Specify additional locations of header files
118    ## Your package locations should be listed before other locations
119    include_directories(
120    # include
121    ${catkin_INCLUDE_DIRS}
122    ${OpenCV_INCLUDE_DIRS}
123    )
```

图 7-69　添加文件目录路径

（3）为 cv_face_detect.cpp 添加编译规则，如图 7-70 所示。代码如下：

```
add_executable(cv_face_detect src/cv_face_detect.cpp)
add_dependencies(cv_face_detect
 ${${PROJECT_NAME}_EXPORTED_TARGETS} ${catkin_EXPORTED_TARGETS})
target_link_libraries(cv_face_detect ${catkin_LIBRARIES} ${OpenCV_
LIBS})
```

```
M CMakeLists.txt ●
src > cv_pkg > M CMakeLists.txt
237    add_executable(cv_face_detect
238    src/cv_face_detect.cpp
239    )
240    add_dependencies(cv_face_detect ${${PROJECT_NAME}_EXPORTED_TARGETS} ${catkin_EXPORTED_TARGETS})
241    target_link_libraries(cv_face_detect
242    ${catkin_LIBRARIES}
243    ${OpenCV_LIBS}
244    )
245
```

图 7-70　添加编译规则

同样，修改完按下快捷键<Ctrl+S>进行保存。下面开始进行代码文件的编译，启动一个终端程序，输入如下指令进入 ROS 的工作空间，如图 7-71 所示。

图 7-71　进入工作空间

```
cd~/catkin_ws/
```

然后执行如下指令开始编译，如图 7-72 所示。

```
catkin_make
```

图 7-72　文件编译

执行这条指令之后，会出现滚动的编译信息，出现"［100%］Built target cv_face_detect"信息，表示编译成功。

7.4.2　对例程进行仿真

下面启动运行 cv_face_node 节点的虚拟仿真环境。这个仿真环境要用到前面章节介绍的 wpr_simulation 和 wpb_home 开源工程，需要确认其代码已经下载到工作空间中并进行了编译。打开一个终端程序，输入如下指令，如图 7-73 所示。

```
roslaunch wpr_simulation wpr1_single_face.launch
```

图 7-73　启动程序

按<Enter>键执行，会启动一个 Gazebo 窗口，如图 7-74 所示，可以看到一台服务机器人面对一个人的三维模型。

运行 cv_face_detect 节点需要启动一个新的终端程序，输入如下指令，如图 7-75 所示。

239

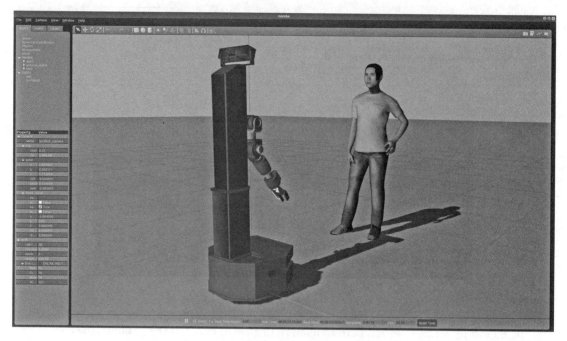

图 7-74　Gazebo 窗口

```
rosrun cv_pkg cv_face_detect
```

图 7-75　启动程序

　　按下<Enter>键，cv_face_detect 节点就启动起来了。此时会弹出一个窗口，如图 7-76 所示。

　　可以看到，机器人已经检测到人脸，并用一个紫色方框将其锁定。此时还可以借助wpr_simulation 附带的程序让机器人运动起来，通过不同视角检测人脸识别的鲁棒性。再开一个新的终端程序，输入如下指令，如图 7-77 所示。

```
rosrun wpr_simulation keyboard_vel_ctrl
```

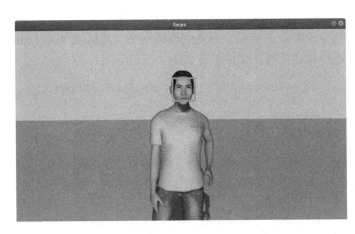

图 7-76 弹出窗口　　　　　　　　　图 7-76 彩图

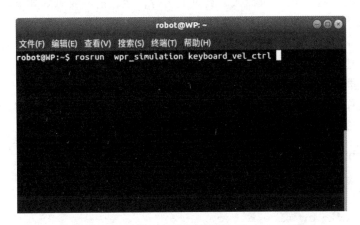

图 7-77 启动程序

按<Enter>键执行后，如图 7-78 所示，会提示控制机器人移动对应的按键列表。需要注意的是，在控制过程中，必须让这个终端程序位于 Gazebo 窗口前面，处于选中状态。这样才能让这个终端程序持续获得按键信号。用键盘控制机器人移动的时候，只需要按一下键盘按键就可以让机器人沿着对应方向移动，不需要一直按着不放，必要的时候使用空格键刹车。

241

图 7-78 键盘控制

使用键盘控制机器人在仿真场景中运动，从不同视角检测人脸的动态效果。cv_face_detect. cpp 在 wpr_simulation 中有一个对应的例程，当遇到编译问题时可以在 Visual Studio Code 中打开这个例程源代码文件进行对比参考。文件位置如下：

```
~/catkin_ws/src/wpr_simulation/src/demo_cv_face_detect.cpp
```

其运行指令如下：

```
rosrun wpr_simulation demo_cv_face_detect
```

通过这个仿真，学会了如何使用级联分类器来实现人脸检测功能。级联分类器是一种非常经典的检测工具，通过加载不同的特征描述，还能检测一些其他类型的目标物。

7.4.3　在真机上运行实例

这个程序也能在启智 ROS 机器人的真机上运行，运行前需要做好如下准备工作：

（1）按照启智 ROS 的实验指导书配置好运行环境和相关的驱动源码包。

（2）将 cv_pkg 复制到机器人计算机的 ~/catkin_ws/src 目录中，运行 catkin_make 编译完成。

（3）确认机器人上的所有硬件连接已经安插完毕。

上述准备工作完成后，可以开始运行本节程序示例。首先打开机器人底盘上的电源开关，在机器人计算机上打开一个终端程序，输入如下指令：

```
roslaunch wpb_home_bringup kinect_test.launch
```

接下来启动一个新的终端程序，输入如下指令：

```
rosrun cv_pkg cv_face_detect
```

按<Enter>键执行，此时可以看到机器人头部相机采集到的彩色图像。让一位同学走到机器人面前，面向机器人，可以看到人脸检测的效果。

7.5　本章小结

本章介绍机器人平面视觉检测仿真，首先通过实例完成了在 ROS 中获取机器人的视觉图像，并将其转化为 OpenCV 格式显示在窗口中，为后续视觉编程打下基础；接着使用 OpenCV 实现机器人视觉中的颜色特征提取和目标定位功能，并进一步根据目标位置计算速度并输出给机器人，完成一个目标跟随闭环控制；最后在仿真环境中通过使用级联分类器实现人脸识别功能。

第 8 章

机器人三维视觉仿真实例

本章通过几个仿真实例，学习如何使用立体相机输出的数据实现机器人的三维视觉功能。

8.1 机器人的三维点云数据获取

8.1.1 编写例程代码

首先，需要新建一个 ROS 源码包。在 Ubuntu 里打开一个终端程序，输入如下指令进入 ROS 工作空间，如图 8-1 所示。

```
cd~/catkin_ws/src/
```

图 8-1　进入 ROS 工作空间

按下<Enter>键之后，即可进入 ROS 工作空间，然后输入如下指令新建一个 ROS 源码包，如图 8-2 所示。

```
catkin_create_pkg pc_pkg roscpp std_msgs sensor_msgs pcl_ros
```

这条指令的具体含义（见表 8-1）。

表 8-1　指令的具体含义

指令	含义
catkin_create_pkg	创建 ROS 源码包（package）的指令
pc_pkg	新建的 ROS 源码包命名
roscpp	C++语言依赖项，本例程使用 C++语言编写，所以需要这个依赖项

（续）

指令	含义
std_msgs	标准消息依赖项，需要里面的 String 格式做文字输出
sensor_msgs	传感器消息依赖项，需要里面的图像数据格式
pcl_ros	ROS 里的开源点云库 PCL 的依赖项

图 8-2　创建源码包

按下<Enter>键后，可以看到如图 8-3 所示信息，表示新的 ROS 软件包创建成功。

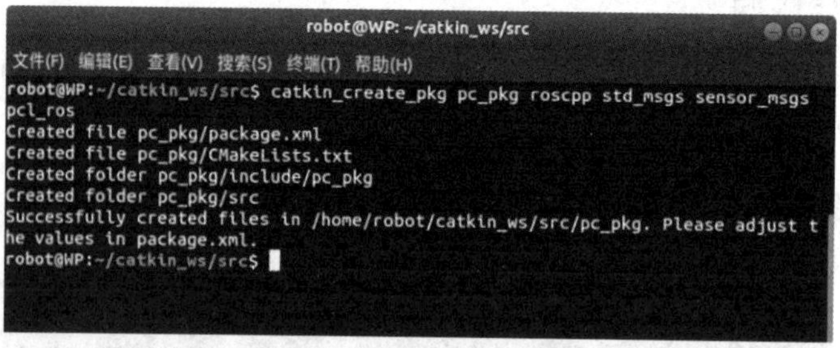

图 8-3　源码包创建成功

在 IDE 中，可以看到工作空间里多了一个 pc_pkg 文件夹，如图 8-4 所示，在其 src 子文件夹上单击鼠标右键，选择 New File 新建一个代码文件。

新建的代码文件命名为 pc_node. cpp，如图 8-5 所示。

图 8-4　新建代码文件

图 8-5　命名代码文件

命名完毕后，在 IDE 的右侧可以开始编写 pc_node.cpp 的代码。其内容如下：

```
#include<ros/ros.h>
#include<sensor_msgs/PointCloud2.h>
#include<pcl_ros/point_cloud.h>

void PointcloudCB(const sensor_msgs::PointCloud2ConstPtr&msg)
{
    pcl::PointCloud<pcl::PointXYZ>pointCloudIn;
    pcl::fromROSMsg(*msg,pointCloudIn);

    int cloudSize=pointCloudIn.points.size();
    for(int i=0;i<cloudSize;i++)
    {
        ROS_INFO("[i=%d](%.2f,%.2f,%.2f)",
            i,
            pointCloudIn.points[i].x,
            pointCloudIn.points[i].y,
            pointCloudIn.points[i].z);
    }
}

int main(int argc,char * * argv)
{
    ros::init(argc,argv,"pc_node");
    ROS_WARN("pc_node start");

    ros::NodeHandle nh;
    ros::Subscriber pc_sub=nh.subscribe("/kinect2/sd/points",1,
PointcloudCB);

    ros::spin();

    return 0;
}
```

（1）代码的开头 include 3 个头文件：ros.h 是 ROS 系统头文件；sensor_msgs/Point-Cloud2.h 是 ROS 里的点云类型头文件；pcl_ros/point_cloud.h 是 PCL 里的点云类型头文件。

（2）定义一个回调函数 void PointcloudCB()，用来处理三维点云数据。ROS 每接收到一帧深度图像，就会转换成三维点云，自动调用一次这个回调函数。三维点云数据会以参数的形式传递到这个回调函数里。

（3）回调函数 void PointcloudCB（）的参数 msg 是一个 sensor_msgs::PointCloud2 格式指针，其指向的内存区域就是存放三维点云的内存空间。在实际开发中，通常不会直接使用这个格式的点云，而是将其转换成 PCL 的点云格式，这样就可以使用 PCL 中丰富的函数来处理点云数据。

（4）在回调函数 voidPointcloudCB（）中，定义一个 pcl::PointXYZ 格式的点云容器 pointCloudIn，调用 pcl::fromROSMsg（）函数将参数里的 ROS 格式点云数据转换成 PCL 格式的点云数据，存放在容器 pointCloudIn 里。

（5）获取转换后的点云数组 pointCloudIn. points 的三维点数量，存储在一个变量 cloudSize 里。使用一个 for 循环，把的 pointCloudIn. points 里所有点的 x、y 和 z 三个值，通过 ROS_INFO（）显示在终端程序里。通常来说，pointCloudIn. points 里的原始坐标值不会直接拿来使用，而是需要转换到机器人坐标系之后，再用 PCL 点云库的函数来进行处理。

（6）在主函数 main（）中，调用 ros::init（），对这个节点进行初始化。

（7）调用 ROS_WARN（）向终端程序输出字符串信息，以表明节点正常启动了。

（8）定义一个 ros::NodeHandle 节点句柄 nh，并使用这个句柄向 ROS 核心节点订阅 Topic 主题"/kinect2/sd/points"的数据，回调函数设置为之前定义的 PointcloudCB（）。这个"/kinect2/sd/points"是 Kinect2 的 ROS 节点发布三维点云的主题名。Kinect2 采集到的三维点云会以 ROS 图像数据包格式发送到这个主题里，节点 pc_node 只需要订阅它就能收到 Kinect2 采集到的三维点云。

（9）调用 ros::spin（）对 main（）函数进行阻塞，保持这个节点程序不会结束退出。

代码编写完毕后，按快捷键<Ctrl+S>进行保存。然后将文件名添加到编译文件里才能进行编译。编译文件在 pc_pkg 的目录下，文件名为 CMakeLists. txt。在 IDE 界面左侧单击该文件，右侧会显示文件内容。首先需要引入 PCL 点云库，添加如下指令，如图 8-6 所示。

```
find_package(PCL REQUIRED)
```

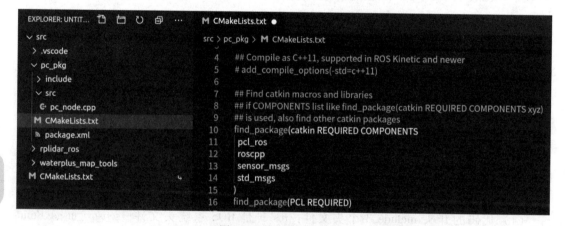

图 8-6　引入 PCL 点云库

然后，在 CMakeLists. txt 文件末尾，为 pc_node. cpp 添加新的编译规则，如图 8-7 所示。内容如下：

```
add_executable(pc_node src/pc_node.cpp)
add_dependencies(pc_node ${${PROJECT_NAME}_EXPORTED_TARGETS}
${catkin_EXPORTED_TARGETS})
target_link_libraries(pc_node ${catkin_LIBRARIES})
```

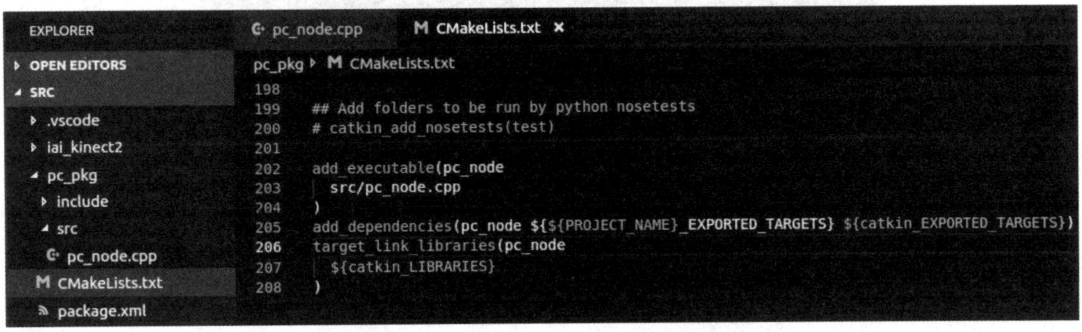

图 8-7　添加编译规则

同样，修改完按快捷键<Ctrl+S>进行保存。下面开始进行代码文件的编译操作，启动一个终端程序，输入如下指令进入 ROS 的工作空间，如图 8-8 所示。

```
cd~/catkin_ws/
```

图 8-8　进入 ROS 工作空间

然后执行如下指令开始编译，如图 8-9 所示。

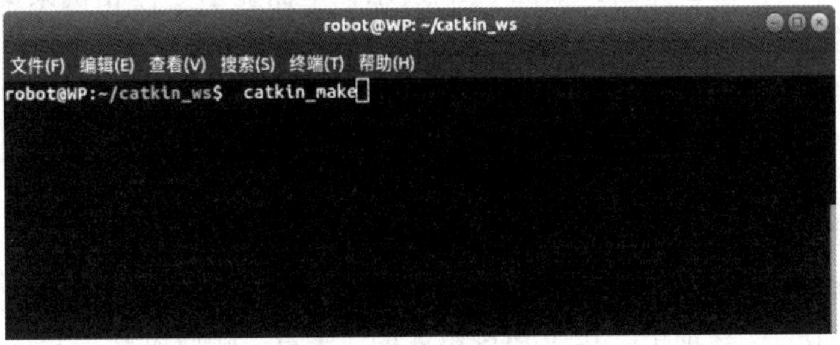

图 8-9　代码文件编译

```
catkin_make
```

执行这条指令之后，会出现滚动的编译信息，直到出现"［100%］Built target pc_node"信息，说明新的 pc_node 节点已经编译成功，如图 8-10 所示。

图 8-10　编译完成

8.1.2　对例程进行仿真

下面启动运行 pc_node 节点的虚拟仿真环境。这个仿真环境要用到前面章节介绍的 wpr_simulation 和 wpb_home 开源工程，需要确认其代码已经下载到工作空间中并进行了编译。打开一个新的终端程序，输入如下指令，如图 8-11 所示。

```
roslaunch wpr_simulation wpb_pointcloud.launch
```

图 8-11　启动程序

启动后弹出 Gazebo 的仿真界面，如图 8-12 所示，显示一台启智 ROS 机器人，面向一个柜子。

同时还会弹出一个 Rviz 界面，如图 8-13 所示，里面显示立体相机采集到的点云集合。pc_node 采集到的数据就是 Rviz 里显示的这个点云集合。

此时运行刚才编写的 pc_node，从已经启动的 Kinect2 里获取数据。保持 Rviz 界面不关闭，再新打开一个终端程序，输入如下指令，如图 8-14 所示。

```
rosrun pc_pkg pc_node
```

这条指令会启动 pc_node。按照程序逻辑，会从 Kinect2 的三维点云主题"/kinect2/sd/points"里不断获取点云数据包，并把 ROS 格式的三维点云转换成 PCL 格式，然后把所有点的 x、y、z 坐标值显示在终端程序里，如图 8-15 所示。

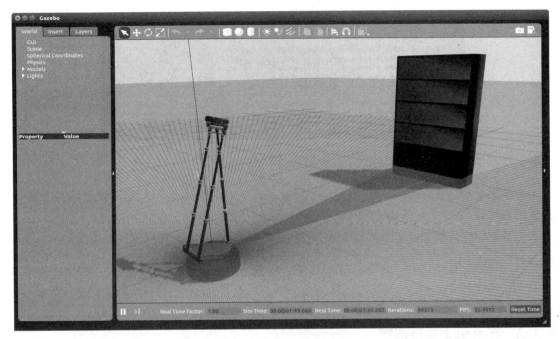

图 8-12　Gazebo 仿真界面

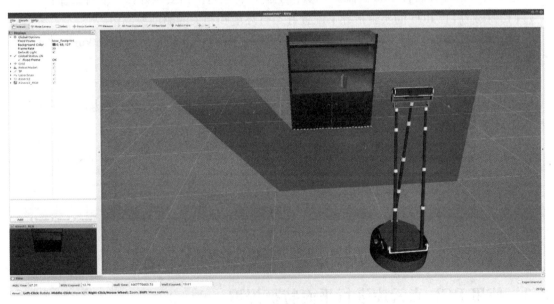

图 8-13　Rviz 界面

图 8-14　运行指令

图 8-15　获取数据

终端里显示"pc_node start"提示 pc_node 启动成功，然后会不停地刷新显示点云所有点位的坐标值，表示 pc_node 已经获取到 Kinect2 输出的三维点云数据。

本节的例程代码在 wpb_home_tutorials 里也有，可供参考。源代码文件的位置如下：

```
~/catkin_ws/src/wpb_home/wpb_home_tutorials/src/wpb_home_point-
cloud_node.cpp
```

8.1.3　在真机上运行实例

这个程序也能在启智 ROS 机器人的真机上运行，运行前需要做好如下准备工作：

（1）按照启智 ROS 的实验指导书配置好运行环境和相关的驱动源码包。

（2）将 pc_pkg 复制到机器人计算机的 ~/catkin_ws/src 目录中，运行 catkin_make 编译完成。

（3）确认机器人上的所有硬件连接已经安插完毕。

上述准备工作完成后，可以开始运行本节程序示例。将机器人底盘上的电源开关全部打开，在机器人计算机上打开一个终端程序，输入如下指令：

```
roslaunch wpb_home_bringup kinect_test.launch
```

接下来启动一个新的终端程序，输入如下指令：

```
rosrun pc_pkg pc_node
```

按<Enter>键执行，可以看到机器人头部立体相机采集到的点云数据。

8.2　使用 PCL 点云库进行平面特征提取

本节学习如何使用立体相机输出的三维点云数据。

8.2.1　编写例程代码

向 pc_pkg 里添加新的 node。在 IDE 左侧栏中找到 pc_pkg 文件夹，如图 8-16 所示，在其 src 子文件夹上单击鼠标右键，选择 New File 新建一个代码文件。

新建的代码文件命名为 plane_node.cpp，如图 8-17 所示。

命名完毕后，在 IDE 的右侧可以开始编写 plane_node.cpp 的代码。其内容如下：

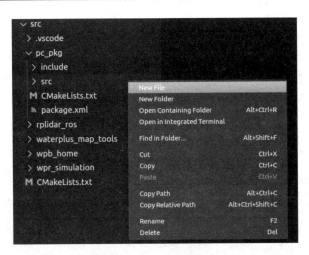

图 8-16　新建文件

图 8-17　命名文件

```cpp
#include<ros/ros.h>
#include<sensor_msgs/PointCloud2.h>
#include<tf/transform_listener.h>
#include<pcl/point_types.h>
#include<pcl_ros/point_cloud.h>
#include<pcl_ros/transforms.h>
#include<pcl/filters/passthrough.h>
#include<pcl/filters/extract_indices.h>
#include<pcl/segmentation/sac_segmentation.h>

static tf::TransformListener * tf_listener;

void PointcloudCB(const sensor_msgs::PointCloud2&input)
{
```

```
//将点云数值从相机坐标系转换到机器人坐标系
bool result=tf_listener->waitForTransform("/base_footprint",
input.header.frame_id,input.header.stamp,ros::Duration(1.0));
if(result==false)
{
    return;
}
sensor_msgs::PointCloud2 pc_footprint;
pcl_ros::transformPointCloud("/base_footprint",input,pc_foot-
print,*tf_listener);

//将点云数据从 ROS 格式转换到 PCL 格式
pcl::PointCloud<pcl::PointXYZRGB>cloud_src;
pcl::fromROSMsg(pc_footprint,cloud_src);

//截取 z 轴方向,高度 0.3~1.5m 内的点云
pcl::PassThrough<pcl::PointXYZRGB>pass;
pass.setInputCloud(cloud_src.makeShared());
pass.setFilterFieldName("z");
pass.setFilterLimits(0.3,1.5);
pass.filter(cloud_src);

//定义模型分类器
pcl::ModelCoefficients::Ptr coefficients(new pcl::ModelCoeffi-
cients);
pcl::SACSegmentation<pcl::PointXYZRGB>segmentation;
segmentation.setInputCloud(cloud_src.makeShared());
segmentation.setModelType(pcl::SACMODEL_PLANE);
segmentation.setMethodType(pcl::SAC_RANSAC);
segmentation.setDistanceThreshold(0.05);
segmentation.setOptimizeCoefficients(true);

//使用模型分类器进行检测
pcl::PointIndices::Ptr planeIndices(new pcl::PointIndices);
segmentation.segment(*planeIndices,*coefficients);

//统计平面点集的平均高度
int point_num= planeIndices->indices.size();
float points_z_sum=0;
```

```
    for(int i=0;i<point_num;i++)
    {
        int point_index=planeIndices->indices[i];
        points_z_sum+=cloud_src.points[point_index].z;
    }
    float plane_height=points_z_sum/point_num;
    ROS_INFO("plane_height=%.2f",plane_height);
}


int main(int argc,char ** argv)
{
    ros::init(argc,argv,"plane_node");
    tf_listener=new tf::TransformListener();
    ros::NodeHandle nh;
    ros::Subscriber pc_sub=nh.subscribe("/kinect2/sd/points",10,
PointcloudCB);

    ros::spin();

    delete tf_listener;
    return 0;
}
```

（1）代码的开头 include 了几个头文件：ros.h 是 ROS 头文件；sensor_msgs/PointCloud2.h 是 ROS 里的点云类型头文件；后面的都是 PCL 点云库里的功能头文件。

（2）定义一个 tf::TransformListener 对象指针，后面会在 main() 函数中对这个对象进行初始化，并在点云回调函数里转换三维点的坐标系。

（3）定义一个回调函数 void PointcloudCB()，用来处理三维点云数据。ROS 每接收到一帧深度图像，就会转换成三维点云，自动调用一次这个回调函数。三维点云数据会以参数的形式传递到这个回调函数里。回调函数 void PointcloudCB() 的参数 input 是一个 sensor_msgs::PointCloud2 格式指针，其指向的内存区域就是存放三维点云的内存空间。在实际开发中，一般会将点云数据转换成 PCL 的格式，这样就可以使用 PCL 里的函数来处理点云数据。

（4）在回调函数 void PointcloudCB() 中，先对三维点云进行坐标系的转换。Kinect2 传入的点云坐标系默认是以相机为原点，这里将其坐标系转换成以 "/base_footprint"（机器人底盘中点）为原点。这个新坐标系点云被存放在 pc_footprint 结构体里，然后调用函数 pcl::fromROSMsg 将其转换成 PCL 的格式（pcl::PointXYZRGB），存放在容器对象 cloud_src 里，留待进一步处理。

（5）使用一个直通滤波器 pcl::PassThrough 对三维点云进行截取。沿着机器人坐标系的 z 轴，截取 0.3～1.5m 的点集，也就是只保留距离地面高度 0.3～1.5m 的点集，这样就能把视野里的地面部分给剔除，只保留载物平面高度周围的点集。截取后的点云结果依然存放在容器对象 cloud_src 里。

（6）定义一个 RANSAC 方法的分类器 pcl::SACSegmentation，为分类器命名 segmentation。将上面截取后的点云 cloud_src 作为输入，分类模型设置为 pcl::SACMODEL_PLANE（平面模型），分类方法设置为 pcl::SAC_RANSAC，采样点的间距设置为 0.05m，设置对分类器的模型参数进行优化。最后定义一个点云指示器 pcl::PointIndices 容器 planeIndices，用来装载平面三维点结果。

（7）调用分类器对象 segmentation 的操作函数 segment()对点云 cloud_src 进行平面检测，检测出的平面三维点存放在容器 planeIndices 里。

（8）使用一个 for 循环，对容器 planeIndices 里所指示的平面三维点的 z 值进行统计，进行一个均值处理，获得平均高度值 plane_height，可以认为这个平均高度就是载物平面的大概高度。

（9）调用 ROS_INFO()将载物平面的高度值显示在终端程序里，以便对结果进行观察。

（10）最后的 main()函数主要进行一些初始化工作。对 tf::TransformListener 对象进行初始化。定义一个 ros::NodeHandle 节点句柄 nh，并使用这个句柄向 ROS 核心节点订阅 Topic 主题 "/kinect2/sd/points" 的数据，回调函数设置为前面定义的 PointcloudCB()。这个 "/kinect2/sd/points" 是 Kinect2 的 ROS 节点发布三维点云的主题名，Kinect2 采集到的三维点云会以 ROS 图像数据包格式发送到这个主题里，节点 plane_node 只需要订阅它就能获得 Kinect2 采集到的三维点云。

（11）调用 ros::spin()对 main()函数进行阻塞，保持这个节点程序不会结束退出。

代码编写完毕后，按下快捷键<Ctrl+S>进行保存。接下来需要将文件名添加到编译文件里才能进行编译。编译文件在 pc_pkg 的目录下，文件名为 CMakeLists.txt，在 IDE 界面左侧单击该文件，右侧会显示文件内容。在 CMakeLists.txt 文件末尾，为 plane_node.cpp 添加新的编译规则。内容如下：

```
add_executable(plane_node src/plane_node.cpp)
add_dependencies(plane_node ${${PROJECT_NAME}_EXPORTED_TARGETS}
${catkin_EXPORTED_TARGETS})
target_link_libraries(plane_node ${catkin_LIBRARIES})
```

修改完需要按下快捷键<Ctrl+S>进行保存。开始进行编译操作，启动一个终端程序，输入如下指令进入 ROS 的工作空间，如图 8-18 所示。

```
cd~/catkin_ws/
```

然后执行如下指令开始编译，如图 8-19 所示。

```
catkin_make
```

执行这条指令之后，会出现滚动的编译信息，直到出现 "［100%］Built target plane_node" 信息，说明新的 plane_node 节点已经编译成功，如图 8-20 所示。

图 8-18　进入工作空间

图 8-19　编译文件

图 8-20　编译完成

8.2.2　对例程进行仿真

下面启动运行 plane_node 节点的虚拟仿真环境。这个仿真环境要用到前面章节介绍的 wpr_simulation 和 wpb_home 开源工程，需要确认其代码已经下载到工作空间中并进行了编译。打开一个终端程序，输入如下指令，如图 8-21 所示。

```
roslaunch wpr_simulation wpb_table.launch
```

按下<Enter>键执行，会弹出一个 Gazebo 窗口，显示软件仿真的一个场景，如图 8-22 所示。在该场景中，启智 ROS 机器人面前摆放着一张桌子，桌子上放置两瓶饮料。

同时还弹出一个 Rviz 窗口，显示机器人的立体相机采集到的三维点云，如图 8-23 所示。

图 8-21　启动程序

图 8-22　Gazebo 窗口

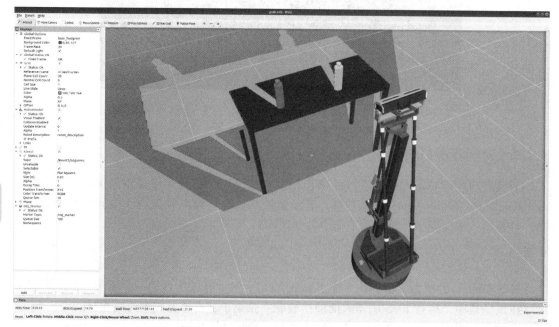

图 8-23　Rviz 窗口

接下来运行 plane_node 节点，测试它在这个仿真环境里的运行效果。再打开一个终端程序，输入如下指令，如图 8-24 所示。

```
rosrun pc_pkg plane_node
```

图 8-24　启动程序

运行后，可以看到 plane_node 节点对载物平台的高度测量结果，如图 8-25 所示。

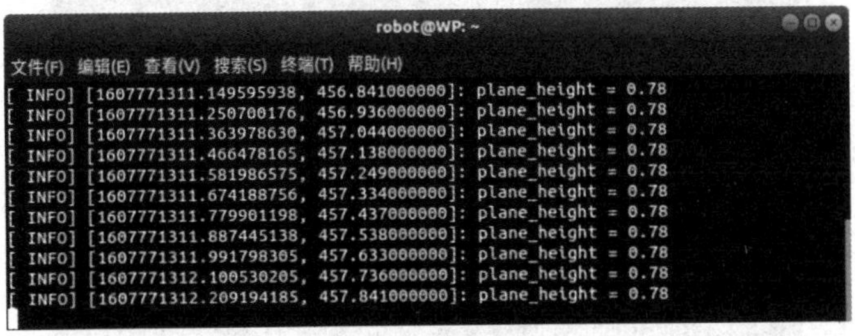

图 8-25　获取数据

在这个仿真环境中，载物平面的模型高度为 0.8m，可以看到 plane_node 节点输出的高度值为 0.78m，已经相当接近，说明 plane_node 的检测方法是有效的。

本节例程的代码在 wpb_home_tutorials 里也有，可供参考。源代码文件的位置如下：

```
~/catkin_ws/src/wpb_home/wpb_home_tutorials/src/wpb_home_plane_
detect.cpp
```

8.2.3　在真机上运行实例

这个程序能在启智 ROS 机器人的真机上运行，运行前需要做好如下准备工作：

（1）按照启智 ROS 的实验指导书配置好运行环境和相关的驱动源码包。

（2）将 pc_pkg 复制到机器人计算机的 ~/catkin_ws/src 目录中，运行 catkin_make 编译完成。

（3）确认机器人上的所有硬件连接已经安插完毕。

上述准备工作完成后，可以开始运行本节程序示例。先将机器人移动到一个桌子前方，桌子高度 80cm 左右，机器人和桌子边缘距离 1m 左右。打开机器人底盘上的电源开关，在机器人计算机上打开一个终端程序，输入如下指令：

```
roslaunch wpb_home_bringup kinect_test.launch
```

接下来启动一个新的终端程序，输入如下指令：

```
rosrun pc_pkg plane_node
```

按<Enter>键执行，可以看到桌面的识别效果。

8.3 使用 PCL 点云库进行点云聚类分割

本节通过点云的聚类分割，检测出桌面上的物体的空间坐标。

8.3.1 编写例程代码

向 pc_pkg 里添加新的 node。在 IDE 左侧栏中找到 pc_pkg 文件夹，如图 8-26 所示，在其 src 子文件夹上单击鼠标右键，选择 New File 新建一个代码文件。

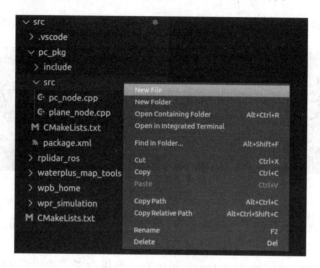

图 8-26　新建文件

新建的代码文件命名为 object_node. cpp，如图 8-27 所示。

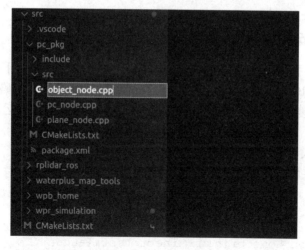

图 8-27　命名文件

命名完毕后，在 IDE 的右侧可以开始编写 object_node.cpp 的代码。其内容如下：

```
#include<ros/ros.h>
#include<sensor_msgs/PointCloud2.h>
#include<tf/transform_listener.h>
#include<pcl/point_types.h>
#include<pcl_ros/point_cloud.h>
#include<pcl_ros/transforms.h>
#include<pcl/filters/passthrough.h>
#include<pcl/filters/extract_indices.h>
#include<pcl/segmentation/sac_segmentation.h>
#include<pcl/segmentation/extract_clusters.h>
#include<pcl/search/kdtree.h>

static tf::TransformListener * tf_listener;

void PointcloudCB(const sensor_msgs::PointCloud2&input)
{
    //将点云数值从相机坐标系转换到机器人坐标系
    bool result=tf_listener->waitForTransform("/base_footprint",
input.header.frame_id,input.header.stamp,ros::Duration(1.0));
    if(result==false)
    {
        return;
    }
    sensor_msgs::PointCloud2 pc_footprint;
    pcl_ros::transformPointCloud("/base_footprint",input,pc_foot-
print, * tf_listener);

    //将点云数据从 ROS 格式转换到 PCL 格式
    pcl::PointCloud<pcl::PointXYZRGB>cloud_src;
    pcl::fromROSMsg(pc_footprint,cloud_src);

    //对设定范围内的点云进行截取
    pcl::PassThrough<pcl::PointXYZRGB>pass;
    //截取 x 轴方向，前方 0.5~1.5m 内的点云
    pass.setInputCloud(cloud_src.makeShared());
    pass.setFilterFieldName("x");
    pass.setFilterLimits(0.5,1.5);
    pass.filter(cloud_src);
```

```
//截取 y 轴方向,左侧 0.5m 到右侧 0.5m 内的点云
pass.setInputCloud(cloud_src.makeShared());
pass.setFilterFieldName("y");
pass.setFilterLimits(-0.5,0.5);
pass.filter(cloud_src);
//截取 z 轴方向,高度 0.5~1.5m 内的点云
pass.setInputCloud(cloud_src.makeShared());
pass.setFilterFieldName("z");
pass.setFilterLimits(0.5,1.5);
pass.filter(cloud_src);

//定义模型分类器
pcl::ModelCoefficients::Ptr coefficients(new pcl::ModelCoefficients);
pcl::SACSegmentation<pcl::PointXYZRGB>segmentation;
segmentation.setInputCloud(cloud_src.makeShared());
segmentation.setModelType(pcl::SACMODEL_PLANE);
segmentation.setMethodType(pcl::SAC_RANSAC);
segmentation.setDistanceThreshold(0.05);
segmentation.setOptimizeCoefficients(true);

//使用模型分类器进行检测
pcl::PointIndices::Ptr planeIndices(new pcl::PointIndices);
segmentation.segment(*planeIndices,*coefficients);

//统计平面点集的平均高度
int point_num=planeIndices->indices.size();
float points_z_sum=0;
for(int i=0;i<point_num;i++)
{
    int point_index=planeIndices->indices[i];
    points_z_sum+=cloud_src.points[point_index].z;
}
float plane_height=points_z_sum/point_num;

//对点云再次进行截取,只保留平面以上的部分
pass.setInputCloud(cloud_src.makeShared());
pass.setFilterFieldName("z");
pass.setFilterLimits(plane_height+0.2,1.5);
```

```
        pass.filter(cloud_src);

    //对截取后的点云进行欧式距离分割
     pcl::search::KdTree<pcl::PointXYZRGB>::Ptr tree(new pcl::
search::KdTree<pcl::PointXYZRGB>);
        tree->setInputCloud(cloud_src.makeShared());//输入截取后的点云
        std::vector<pcl::PointIndices>cluster_indices;//点云团索引
        pcl::EuclideanClusterExtraction<pcl::PointXYZRGB>ec;//欧式聚
                                                              类对象
        ec.setClusterTolerance(0.02);        //设置近邻搜索的搜索半径为2cm
        ec.setMinClusterSize(100);           //设置一个聚类需要的最少的点数
                                             目为100
        ec.setMaxClusterSize(20000);         //设置一个聚类需要的最大点数目
                                             为20000
        ec.setSearchMethod(tree);            //设置点云的搜索机制
        ec.setInputCloud(cloud_src.makeShared());  //输入截取后的点云
        ec.extract(cluster_indices);         //执行欧式聚类分割

    //计算每个分割出来的点云团的中心坐标
    int object_num=cluster_indices.size();  //分割出的点云团个数
    ROS_INFO("object_num=%d",object_num);
    for(int i=0;i<object_num;i++)
    {
        int point_num=  cluster_indices[i].indices.size();
                                           //点云团i中的点数
        float points_x_sum=0;
        float points_y_sum=0;
        float points_z_sum=0;
        for(int j=0;j<point_num;j++)
        {
            int point_index=cluster_indices[i].indices[j];
            points_x_sum+=cloud_src.points[point_index].x;
            points_y_sum+=cloud_src.points[point_index].y;
            points_z_sum+=cloud_src.points[point_index].z;
        }
        float object_x=points_x_sum/point_num;
        float object_y=points_y_sum/point_num;
        float object_z=points_z_sum/point_num;
        ROS_INFO("object%d pos=(%.2f,%.2f,%.2f)",i,object_x,ob-
ject_y,object_z);
```

```
    }
  }

  int main(int argc,char * * argv)
  {
    ros::init(argc,argv,"object_node");
    tf_listener=new tf::TransformListener();
    ros::NodeHandle nh;
    ros::Subscriber pc_sub=nh.subscribe("/kinect2/sd/points",10,
PointcloudCB);

    ros::spin();

    delete tf_listener;
    return 0;
  }
```

（1）代码的开头 include 了几个头文件：ros.h 是 ROS 系统头文件；sensor_msgs/Point-Cloud2.h 是 ROS 里的点云类型头文件；后面的都是 PCL 点云库里的功能头文件。

（2）定义一个 tf::TransformListener 对象指针，后面会在 main（）函数中对这个对象进行初始化，并在点云回调函数里转换三维点的坐标系。

（3）定义一个回调函数 void PointcloudCB（），用来处理三维点云数据。ROS 每接收到一帧深度图像，就会转换成三维点云，自动调用一次这个回调函数。三维点云数据会以参数的形式传递到这个回调函数里。回调函数 void PointcloudCB（）的参数 input 是一个 sensor_msgs::PointCloud2 格式指针，其指向的内存区域就是存放三维点云的内存空间。在实际开发中，一般将点云数据转换成 PCL 的格式，这样就可以使用 PCL 里的函数来进行处理。

（4）在回调函数 void PointcloudCB（）中，先对三维点云进行坐标系的转换。Azure Kinect 传入的点云坐标系默认是以相机为原点，这里将其坐标系转换成以 "/base_footprint"（机器人底盘中点）为原点。这个新坐标系点云被存放在 pc_footprint 结构体里，然后调用函数 pcl::fromROSMsg 将其转换成 PCL 的格式（pcl::PointXYZRGB），存放在容器对象 cloud_src 里，留待进一步处理。

（5）接下来按照上一节的方法，对点云中的桌面高度进行检测。然后使用一个直通滤波器 pcl::PassThrough 对三维点云进行截取。这里面最值得关注的是 z 轴范围的最小值，一般取比载物平面高度稍微高一点的数值。比如前面实验中载物平面的高度是 0.67m，那么就取 0.69m，这样在检测物品点云的时候，可以剔除载物平面的所有，相当于所有物品悬在空中，相互分离，有利于进行分割定位。截取后的点云结果依然存放在容器对象 cloud_src 里，等待进一步处理。

（6）剔除载物平面的物体，相互之间已经失去了连接，所以认为每个点云团就是一个独立的物体。这里使用一个欧式距离分类器 pcl::EuclideanClusterExtraction 来分离这些点云团，这个分类器会根据点云中相邻点的欧式距离进行点云团的分割，将距离较近的点集认为是同一个点云簇，通过 KdTree 近邻搜索方法，将点云中的物品依次分割出来。给分类器设置参数：近邻搜索距离为 0.02cm；点云团的最小点数为 100 个点，小于这个点数的点云团会被抛弃；点云团的最大点数为 20000 个点，大于这个点数的点云团也会被抛弃；近邻搜索方法使用 KdTree 数据结构；分类的输入点云为 cloud_src。最后调用 extract( ) 函数执行分类操作，分类结果存放在容器 cluster_indices 中。

（7）定义一个变量 object_num 去获取容器 cluster_indices 中的点云团个数，也就是物品的个数。然后使用 for 循环，对容器 cluster_indices 中的所有点云团进行遍历，计算每个点云团的所有点的 x、y、z 坐标的均值，就得到每个物体的中心坐标。调用 ROS_INFO( ) 函数将每个物体的中心坐标显示到终端程序里。

（8）最后的 main( ) 函数主要进行一些初始化工作。对 tf::TransformListener 对象进行初始化。定义一个 ros::NodeHandle 节点句柄 nh，并使用这个句柄向 ROS 核心节点订阅 Topic 主题 "/kinect2/sd/points" 的数据，回调函数设置为前面定义的 PointcloudCB( ) 函数。这个 "/kinect2/sd/points" 是 Kinect2 的 ROS 节点发布三维点云的主题名，Kinect2 采集到的三维点云会以 ROS 图像数据包格式发送到这个主题里，节点 object_node 只需要订阅它就能获得 Kinect2 采集到的三维点云。

（9）调用 ros::spin( ) 函数对 main( ) 函数进行阻塞，保持这个节点程序不会结束退出。

代码编写完毕后，按下快捷键<Ctrl+S>进行保存。然后需要将文件名添加到编译文件里才能进行编译。编译文件在 pc_pkg 的目录下，文件名为 CMakeLists.txt，在 IDE 界面左侧单击该文件，右侧会显示文件内容。在 CMakeLists.txt 文件末尾，为 object_node.cpp 添加新的编译规则。内容如下：

```
add_executable(object_node src/object_node.cpp)
add_dependencies(object_node ${${PROJECT_NAME}_EXPORTED_TARGETS}
${catkin_EXPORTED_TARGETS})
target_link_libraries(object_node ${catkin_LIBRARIES})
```

修改完需要按下快捷键<Ctrl+S>进行保存。接着开始进行编译操作，启动一个终端程序，输入如下指令进入 ROS 的工作空间，如图 8-28 所示。

```
cd~/catkin_ws/
```

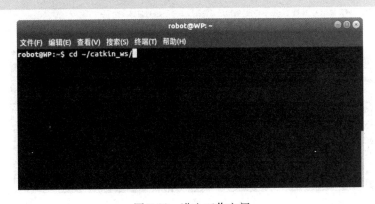

图 8-28　进入工作空间

然后执行如下指令开始编译，如图 8-29 所示。

```
catkin_make
```

图 8-29　文件编译

执行这条指令之后，会出现滚动的编译信息，直到出现"［100%］Built target object_node"信息，说明新的 object_node 节点已经编译成功，如图 8-30 所示。

图 8-30　编译完成

8.3.2　对例程进行仿真

下面启动运行 object_node 节点的虚拟仿真环境。这个仿真环境要用到前面章节介绍的 wpr_simulation 和 wpb_home 开源工程，需要确认其代码已经下载到工作空间中并进行了编译。打开一个终端程序，输入如下指令，如图 8-31 所示。

```
roslaunch wpr_simulation wpb_table.launch
```

图 8-31　启动程序

按下<Enter>键执行，弹出 Gazebo 窗口，如图 8-32 所示。

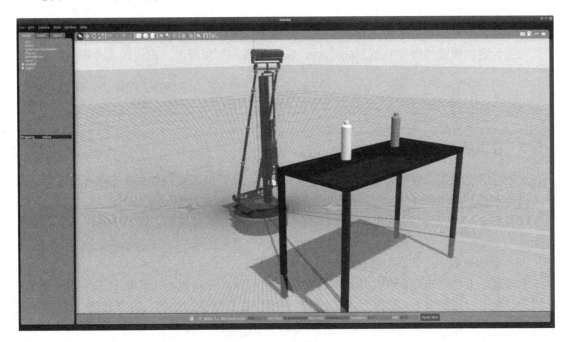

图 8-32　Gazebo 窗口

此时可以运行 object_node 节点。保持仿真环境的窗口不关闭，再新打开一个终端程序，输入如下指令，如图 8-33 所示。

```
rosrun pc_pkg object_node
```

robot@WP: ~
文件(F) 编辑(E) 查看(V) 搜索(S) 终端(T) 帮助(H)
robot@WP:~$ rosrun pc_pkg object_node

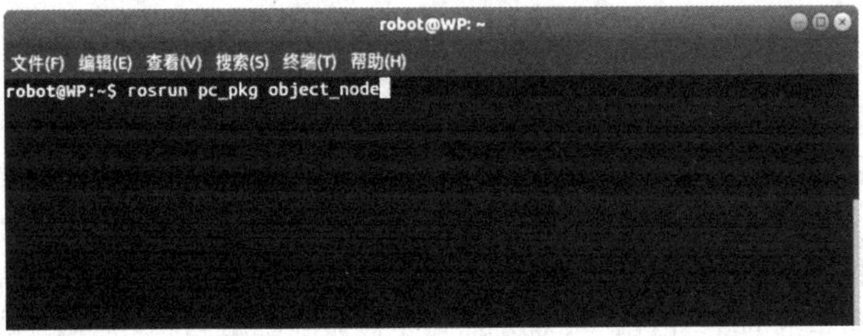

图 8-33　启动程序

运行后，可以看到 object_node 节点对载物平台上所有物品的定位结果，如图 8-34 所示。

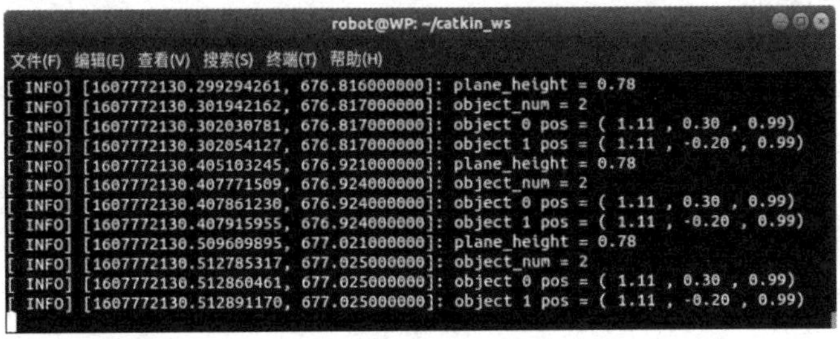

robot@WP: ~/catkin_ws
文件(F) 编辑(E) 查看(V) 搜索(S) 终端(T) 帮助(H)
[INFO] [1607772130.299294261, 676.816000000]: plane_height = 0.78
[INFO] [1607772130.301942162, 676.817000000]: object_num = 2
[INFO] [1607772130.302030781, 676.817000000]: object 0 pos = (1.11 , 0.30 , 0.99)
[INFO] [1607772130.302054127, 676.817000000]: object 1 pos = (1.11 , -0.20 , 0.99)
[INFO] [1607772130.405103245, 676.921000000]: plane_height = 0.78
[INFO] [1607772130.407771509, 676.924000000]: object_num = 2
[INFO] [1607772130.407861230, 676.924000000]: object 0 pos = (1.11 , 0.30 , 0.99)
[INFO] [1607772130.407915955, 676.924000000]: object 1 pos = (1.11 , -0.20 , 0.99)
[INFO] [1607772130.509609895, 677.021000000]: plane_height = 0.78
[INFO] [1607772130.512785317, 677.025000000]: object_num = 2
[INFO] [1607772130.512860461, 677.025000000]: object 0 pos = (1.11 , 0.30 , 0.99)
[INFO] [1607772130.512891170, 677.025000000]: object 1 pos = (1.11 , -0.20 , 0.99)

图 8-34　获取数据

在这个仿真环境中，按照 ROS 的右手定则，偏左的物品 y 值为正，偏右的物品 y 值为负，地面上的栅格每一格代表 1m 距离。通过旋转仿真场景观察，object_node 检测的物品坐标数值和物品的具体位置是否一致。

物品检测例程的代码在 wpb_home_tutorials 里也有，可供参考。源代码文件的位置如下：

```
~/catkin_ws/src/wpb_home/wpb_home_tutorials/src/wpb_home_point-
cloud_cluster.cpp
```

8.3.3 在真机上运行实例

这个程序也能在启智 ROS 机器人的真机上运行，运行前需要做好如下准备工作：

（1）按照启智 ROS 的实验指导书配置好运行环境和相关的驱动源码包。

（2）将 pc_pkg 复制到机器人计算机的 ~/catkin_ws/src 目录中，运行 catkin_make 编译完成。

（3）确认机器人上的所有硬件连接已经安插完毕。

上述准备工作完成后，可以开始运行本节程序示例。先将机器人移动到一个桌子前方，机器人和桌子边缘距离 1m 左右。桌子上放置一些竖直长筒类的物体。打开机器人底盘上的电源开关，在机器人计算机上打开一个终端程序，输入如下指令：

```
roslaunch wpb_home_tutorials grab_scene.launch
```

接下来启动一个新的终端程序，输入如下指令：

```
rosrun pc_pkg object_node
```

按<Enter>键执行，可以看到物品的定位效果。

8.4 基于三维视觉的物品检测和抓取

本节结合机器人的机械臂，完成物品抓取功能。不需要再重新实现一次物品检测和定位的功能，因为在 wpb_home 的源码包中，已经设置了一个 node 专门实现了这个功能，具体原理和前面两节一样，只需要给这个 node 发送一个开始检测的信号。同样，机械臂的抓取动作也由一个源码包里的 node 完成，只需要通过主题发送抓取目标物的坐标即可。有了这两个 node 的协助，可以大大简化抓取功能的复杂程度，为后面进行更复杂的移动抓取做好准备。

8.4.1 编写例程代码

首先，需要新建一个 ROS 源码包。打开一个终端程序，输入如下指令进入 ROS 工作空间，如图 8-35 所示。

```
cd~/catkin_ws/src/
```

按下<Enter>键之后，即可进入 ROS 工作空间，然后输入如下指令新建一个 ROS 源码包，如图 8-36 所示。

图 8-35 进入工作空间

```
catkin_create_pkg grab_pkg roscpp std_msgs message_runtime wpb_home
_behaviors
```

图 8-36 创建源码包

这条指令的具体含义（见表 8-2）。

表 8-2 指令的具体含义

指令	含义
catkin_create_pkg	创建 ROS 源码包（package）的指令
grab_pkg	新建的 ROS 源码包命名
roscpp	C++语言依赖项，本例程使用 C++语言编写，所以需要这个依赖项
std_msgs	标准消息依赖项，需要里面的 String 格式做文字输出
message_runtime	因为要用到外部描述物品名称和三维坐标的新消息类型，所以需要添加此项
wpb_home_behaviors	物品定位和抓取节点所在的包名称，因为要用到这个包定义的新消息类型，所以需要添加此项

267

按下<Enter>键后，可以看到如图 8-37 所示信息，表示新的 ROS 软件包创建成功。

在 IDE 中，可以看到工作空间里多了一个 grab_pkg 文件夹，如图 8-38 所示，在其 src 子文件夹上单击鼠标右键，选择 New File 新建一个代码文件。

新建的代码文件命名为 grab_node. cpp，如图 8-39 所示。

命名完毕后，在 IDE 的右侧可以开始编写 grab_node. cpp 的代码。其内容如下：

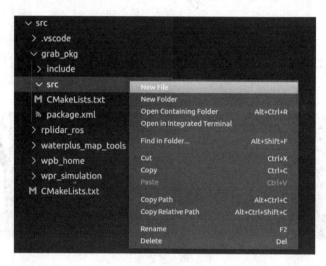

图 8-37 创建源码包成功

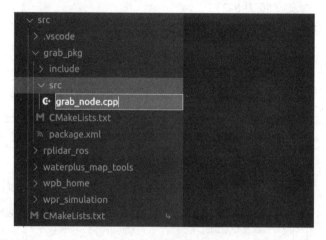

图 8-38 新建文件

图 8-39 命名文件

```
#include<ros/ros.h>
#include<std_msgs/String.h>
#include<geometry_msgs/Pose.h>
```

```
#include<wpb_home_behaviors/Coord.h>

static ros::Publisher behaviors_pub;
static ros::Publisher grab_pub;
static geometry_msgs::Pose grab_msg;
static bool bGrabbing=false;

void ObjCoordCB(const wpb_home_behaviors::Coord::ConstPtr&msg)
{
    if(bGrabbing==false)
    {
        int nNumObj=msg->name.size();
        ROS_WARN("[ObjCoordCB]obj=%d",nNumObj);
        if(nNumObj>0)
        {
            ROS_WARN("[ObjCoordCB]Grab%s!(%.2f,%.2f,%.2f)",
                msg->name[0].c_str(),
                msg->x[0],msg->y[0],
                msg->z[0]);
            grab_msg.position.x=msg->x[0];
            grab_msg.position.y=msg->y[0];
            grab_msg.position.z=msg->z[0];
            grab_pub.publish(grab_msg);
            bGrabbing=true;

            std_msgs::String behavior_msg;
            behavior_msg.data="object_detect stop";
            behaviors_pub.publish(behavior_msg);
        }
    }
}

void GrabResultCB(const std_msgs::String::ConstPtr&msg)
{
    //ROS_WARN("[GrabResultCB]%s",msg->data.c_str());
}

int main(int argc,char * *argv)
{
```

```
        ros::init(argc,argv,"grab_node");
        ROS_WARN("grab_node start!");

        ros::NodeHandle n;
        behaviors_pub=n.advertise<std_msgs::String>("/wpb_home/behav-
iors",10);
        grab_pub=n.advertise<geometry_msgs::Pose>("/wpb_home/grab_ac-
tion",1);
        ros::Subscriber obj_sub=n.subscribe("/wpb_home/objects_3d",1,
ObjCoordCB);
        ros::Subscriber res_sub=n.subscribe("/wpb_home/grab_result",
30,GrabResultCB);

        sleep(1);

        std_msgs::String behavior_msg;
        behavior_msg.data="object_detect start";
        behaviors_pub.publish(behavior_msg);

        ros::spin();

        return 0;
    }
```

（1）代码的开头 include 4 个头文件。

1）ros.h 是 ros 的系统头文件。

2）std_msgs/String.h 是字符串类型头文件，程序中输出文字信息需要用到字符串。

3）geometry_msgs/Pose.h 是三维坐标的消息类型头文件，程序中发送的抓取坐标消息包就用到这个消息类型。

4）wpb_home_behaviors/Coord.h 是描述物体名称和三维坐标的消息类型头文件，程序中接收到的物体定位结果就是这个 Coord 类型的消息包。

（2）主函数 main()中，调用 ros::init()，对这个节点进行初始化。接下来定义一个 ros::NodeHandle 节点句柄 n，并使用这个句柄发布一个主题 "/wpb_home/behaviors"，用于激活物品检测功能。当启智 ROS 的物品检测节点从这个主题获取到信号时，便会激活桌面和物品的检测功能，物品的检测结果会发布在主题 "/wpb_home/objects_3d" 中，所以只需要订阅这个主题就能获得物品的位置信息。接收物品位置信息的回调函数设置为 ObjCoordCB()。

（3）再发布一个主题 "/wpb_home/grab_action"，用于驱动启智 ROS 机器人进行物品的抓取。启智 ROS 的物品抓取节点会从这个主题获取发送的抓取物坐标，驱动机器人执行抓取动作，同时抓取的进度会发布在主题"/wpb_home/grab_result"中，所以只需要订阅这个主题就能掌握机器人抓取动作的进展情况。接收抓取进度消息的回调函数设置为GrabResultCB( )。

（4）所有的准备工作完成后，还需要调用 sleep（1）延时1s，等待主题的订阅和发布工作完成。

（5）接下来进入正式的抓取流程，构建一个 behavior_msg 消息包，赋值 object_detect start，使用 behaviors_pub 将这个消息包发送出去，激活物品检测功能。然后调用 ros::spin( )对 main( )函数进行阻塞，确保这个程序不会立刻退出，让后面的操作能够继续进行。

（6）物品检测激活后，回调函数 void ObjCoordCB( )给出结果。ObjCoordCB( )的参数 msg 是一个 wpb_home_behaviors::Coord 格式的数据包指针，其指向的内存区域就是存放物品定位信息的内存空间。msg 包里包含4个数组，其中 name 数组保存的是所有物品的名称，x、y、z 3个数组保存的是所有物品的三维坐标。这4个数组的成员个数一样，相同下标的 name、x、y 和 z 成员对应同一个物体。msg 中的物体按照距离机器人的远近进行了排序，比如 name［0］、x［0］、y［0］和 z［0］对应的是距离机器人最近的物体。这里直接将离机器人最近的物体作为抓取目标，将其坐标赋值到 grab_msg 消息包中，通过 grab_pub 发布到主题"wpb_home/grab_action"中，启智 ROS 的抓取节点会从该主题中获取到发送的坐标值，启动抓取行为。同时，将变量 bGrabbing 设置为 true，让回调函数 void ObjCoordCB( )不再处理识别的物品信息，避免重复启动抓取功能。最后发送信号 object_detect stop 停止物品检测功能。

（7）物品抓取行为启动后，回调函数 GrabResultCB( )中给出抓取结果。这个回调函数的参数 msg 是一个 std_msgs::String 字符串类型的消息包指针，这个字符串就是机器人抓取过程的状态显示。这里注释掉，以免信息显示太多不便于观察，有兴趣的读者可以把"//"去除，查看抓取过程中的信息显示。

代码编写完毕后，按下快捷键<Ctrl+S>进行保存。接下来还需要将文件名添加到编译文件里才能进行编译。编译文件在 grab_pkg 的目录下，文件名为 CMakeLists. txt，在 IDE 界面左侧单击该文件，右侧会显示文件内容。在 CMakeLists. txt 文件末尾，为 grab_node. cpp 添加新的编译规则。内容如下：

```
add_executable(grab_node src/grab_node.cpp)
add_dependencies(grab_node ${${PROJECT_NAME}_EXPORTED_TARGETS}
${catkin_EXPORTED_TARGETS})
target_link_libraries(grab_node ${catkin_LIBRARIES})
```

同样，修改完再次按下快捷键<Ctrl+S>进行保存。下面开始进行代码文件的编译操作，启动一个终端程序，输入如下指令进入 ROS 的工作空间，如图 8-40 所示。

```
cd~/catkin_ws/
```

然后执行如下指令开始编译，如图 8-41 所示。

```
catkin_make
```

图 8-40　进入工作空间

图 8-41　文件编译

执行这条指令之后，会出现滚动的编译信息，直到出现"［100%］Built target grab_node"信息，说明新的 grab_node 节点已经编译成功，如图 8-42 所示。

图 8-42　编译完成

8.4.2　对例程进行仿真

下面启动运行 grab_node 节点的虚拟仿真环境。这个仿真环境要用到前面章节介绍的 wpr_simulation 和 wpb_home 开源工程，需要确认其代码已经下载到工作空间中并进行了编译。打开一个终端程序，输入如下指令，如图 8-43 所示。

```
roslaunch wpr_simulation wpb_table.launch
```

按下<Enter>键执行，弹出 Gazebo 窗口，如图 8-44 所示。

图 8-43　启动程序

图 8-44　Gazebo 窗口

同时弹出的还有一个 Rviz 窗口，如图 8-45 所示。

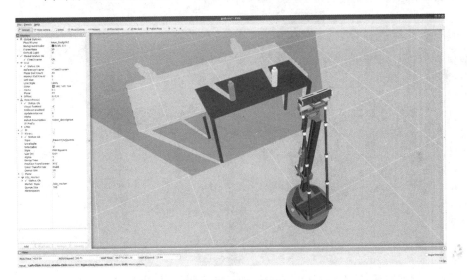

图 8-45　Rviz 窗口

图 8-45 彩图

接下来可以运行 grab_node 节点，测试它在这个仿真环境里的运行效果。再打开一个终端程序，输入如下指令，如图 8-46 所示。

```
rosrun grab_pkg grab_node
```

图 8-46　启动程序

运行后，可以看到 grab_node 接收到的物品坐标数值，如图 8-47 所示。

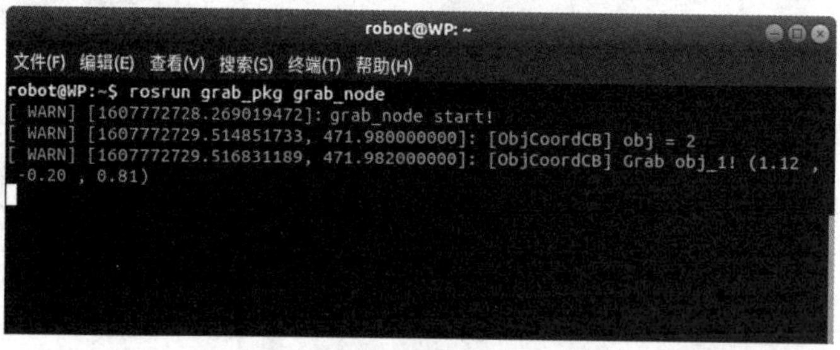

图 8-47　获取数据

此时机器人的抓取动作已经开始，切换到 Gazebo 仿真界面，可以看到机器人慢慢地移动底盘，对准将要抓取的目标物，如图 8-48 所示。

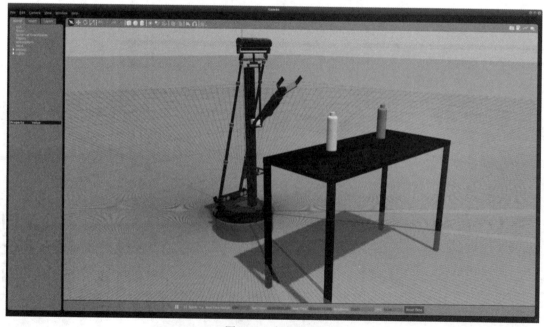

图 8-48　底盘移动

当机器人调整好自己和目标物的相对位置时，伸出机械臂进行抓取，然后后退，让物品离开桌子上方，抓取功能完成，如图 8-49 所示。

图 8-49　抓取物品

本节的代码在 wpb_home_tutorials 里也有，可供参考。源代码文件的位置如下：

```
~/catkin_ws/src/wpb_home/wpb_home_tutorials/src/wpb_home_grab_node.cpp
```

8.4.3　在真机上运行实例

这个程序也能在启智 ROS 机器人的真机上运行，运行前需要做好如下准备工作：

（1）按照启智 ROS 的实验指导书配置好运行环境和相关的驱动源码包。

（2）将 pc_pkg 复制到机器人计算机的 ~/catkin_ws/src 目录中，运行 catkin_make 编译完成。

（3）确认机器人上的所有硬件连接已经安插完毕。

上述准备工作完成后，可以开始运行本节程序示例。先将机器人移动到一个桌子前方，机器人和桌子边缘距离 1m 左右。桌子上放置一些竖直长筒类的物体，尽量靠近面向机器人一侧的桌子边缘，边缘距离 35cm 左右，以便机器人抬手时不会碰撞手爪。打开机器人底盘上的电源开关和红色动力开关，在机器人计算机上打开一个终端程序，输入如下指令启动物品检测和抓取的相关节点。

```
roslaunch wpb_home_tutorials grab_scene.launch
```

接下来输入 grab_node，启动一个新的终端程序，输入如下指令：

```
rosrun grab_pkg grab_node
```

按<Enter>键执行，可以看到抓取物品的效果。

8.5　本章小结

本章介绍机器人三维视觉检测仿真，首先通过使用立体相机获取其输出的三维点云数据；接着利用点云数据实现桌面高度的检测以及桌面上物品的坐标定位；最后结合机器人的机械臂，完成对桌面上物品抓取的功能。

第 9 章

基于ROS的服务机器人应用实例

本章在一个综合应用中，讲解机器人的定位导航、三维视觉和目标抓取等功能，实现服务机器人获取饮料的任务。

9.1 环境地图的创建

使用 Gmapping 在仿真环境里建图。如果有 USB 手柄，可以把手柄连接上，在系统中打开一个终端程序，输入如下指令，如图 9-1 所示。

```
roslaunch wpr_simulation wpb_gmapping.launch
```

图 9-1　启动指令

运行后，会弹出 Gazebo 仿真界面，如图 9-2 所示。

同时还会弹出一个显示建图进展情况的 Rviz 界面，如图 9-3 所示。

使用手柄控制机器人在仿真环境里移动，扫描建立地图。如果没有手柄，可以使用键盘控制。另外开启一个终端程序，输入如下指令，如图 9-4 所示。

```
rosrun wpr_simulation keyboard_vel_ctrl
```

按<Enter>键执行后，会提示控制机器人移动对应的按键列表。需要注意的是，在控制过程中，必须让这个终端程序位于 Gazebo 窗口前面，处于选中状态。这样才能让这个终端程序持续获得按键信号。如图 9-5 所示，控制机器人在场景里扫描一遍之后，即可获得完整地图。

新打开一个终端程序，输入如下指令保存地图，如图 9-6 所示。

```
rosrun map_server map_saver-f map
```

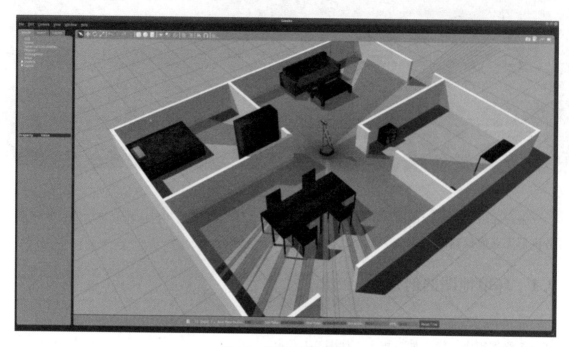

图 9-2　Gazebo 仿真界面

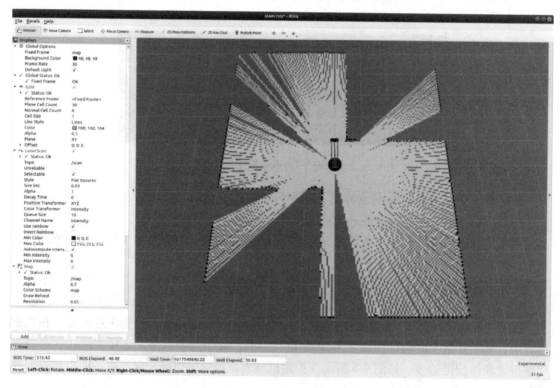

图 9-3　Rviz 界面

　　执行之后，地图文件 map. pgm 和 map. yaml 会被保存在主文件夹里，将这两个文件复制到~/catkin_ws/src/wpr_simulation/maps 目录下，如图 9-7 所示。

图 9-4　启动键盘控制指令

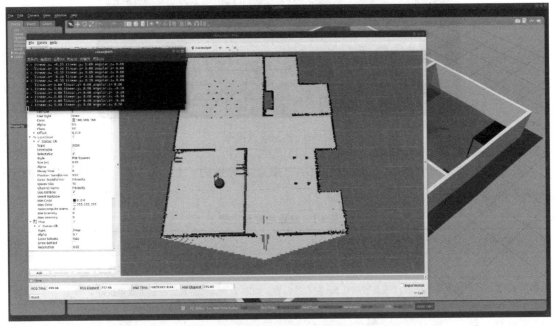

图 9-5　扫描获得完整地图

图 9-6　保存地图

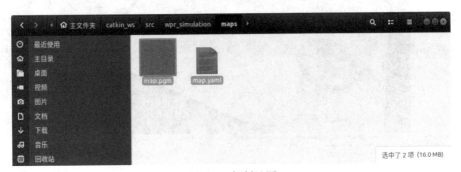

图 9-7　复制地图

9.2　关键航点的设置

输入如下指令打开地图插件准备添加航点，如图 9-8 所示。

```
roslaunch waterplus_map_tools add_waypoint_simulation.launch
```

图 9-8　添加航点指令

在地图中插入两个航点，如图 9-9 所示，航点名分别为"1"和"2"。这两个航点的定义（见表 9-1）。

表 9-1　航点名称和位置

航点名称	位置
1	位于厨房的桌子前 1m 左右的位置，面向桌子。机器人会在这里抓取饮料
2	位于餐厅的桌子前 0.5m 左右的位置，面向桌子。机器人会在这里放置饮料

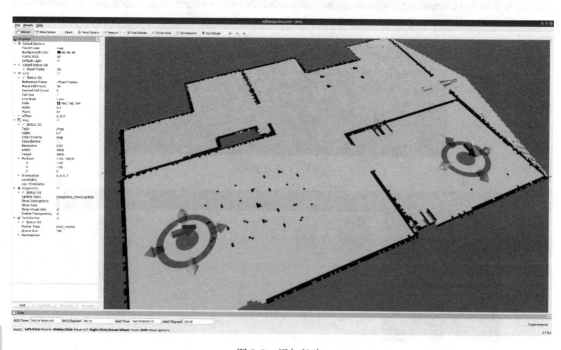

图 9-9　添加航点

打开一个新的终端程序，输入如下指令保存航点，如图9-10所示。

```
rosrun waterplus_map_tools wp_saver
```

图9-10　保存航点指令

在终端程序里，使用 nano 指令对 waypoints.xml 文件进行编辑，对航点名称进行修改。

```
nano waypoints.xml
```

执行后会进入 waypoints.xml 文件的编辑模式。文件内容一般格式如下：

```
<Waterplus>
    <Waypoint>
        <Name>1</Name>
        <Pos_x>2.25739</Pos_x>
        <Pos_y>-1.03936</Pos_y>
        <Pos_z>0</Pos_z>
        <Ori_x>0</Ori_x>
        <Ori_y>0</Ori_y>
        <Ori_z>0.710712</Ori_z>
        <Ori_w>0.703483</Ori_w>
    </Waypoint>
        ......
</Waterplus>
```

其中，标签<Name></Name>所包围的1和2数字就是初始的航点名称，将"1"修改为"kitchen"，将"2"修改为"dinning room"等。因为 Rviz 里不能显示中文，所以不能用中文名称。修改完毕后，按下快捷键<Ctrl+X>退出编辑模式，这时会提示是否保存文件，按下<Y>键保存文件。

修改完 waypoints.xml 文件后，回到刚才启动 add_waypoint_simulation 脚本的终端窗口。按下<Ctrl+C>退出脚本，然后重新启动 add_waypoint_simulation 脚本。此时可以在 Rviz 里看到航点名称已经变更为修改后的名称，如图9-11所示。

281

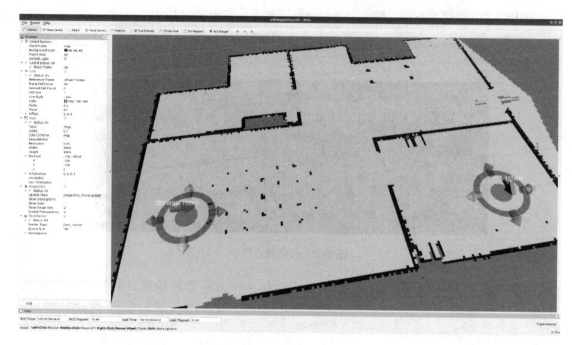

图 9-11　修改后的航点名称

9.3　任务脚本代码的编写

　　开始编写服务机器人获取饮料的程序。首先，需要新建一个 ROS 源码包。在 Ubuntu 里打开一个终端程序，输入如下指令进入 ROS 工作空间，如图 9-12 所示。

```
cd~/catkin_ws/src/
```

图 9-12　进入 ROS 工作空间

　　按下\<Enter\>键之后，即可进入 ROS 工作空间，然后输入如下指令新建一个 ROS 源码包，如图 9-13 所示。

```
catkin_create_pkg serve_pkg roscpp std_msgs sensor_msgs message_
runtime waterplus_map_tools wpb_home_behaviors
```

图 9-13　创建源码包

这条指令的具体含义（见表9-2）。

表 9-2　指令的具体含义

指令	含义
catkin_create_pkg	创建 ROS 源码包（package）的指令
serve_pkg	新建的 ROS 源码包命名
roscpp	C++语言依赖项，本例程使用 C++语言编写，所以需要这个依赖项
std_msgs	程序用到的字符串和浮点数消息包都依赖这一项
sensor_msgs	程序用到的关节角度消息包需要依赖这一项
waterplus_map_tools	使用到 waterplus_map_tools 的航点导航服务
wpb_home_behaviors	需要用到启智 ROS 的抓取行为

按下<Enter>键后，可以看到如图 9-14 所示信息，表示新的 ROS 源码包创建成功。

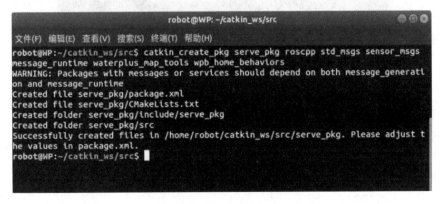

图 9-14　源码包创建成功

在 IDE 中，可以看到工作空间里多了一个 serve_pkg 文件夹，如图 9-15 所示，在其 src
子文件夹上单击鼠标右键，选择 New File 新建一个代码文件。

新建的代码文件命名为 serve_drinks_node.cpp，如图 9-16 所示。

283

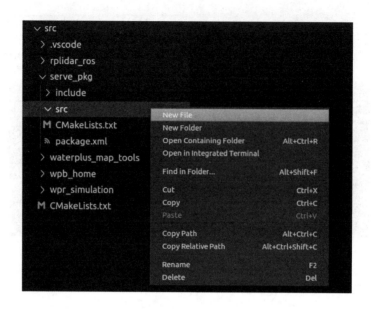

图 9-15　新建代码文件

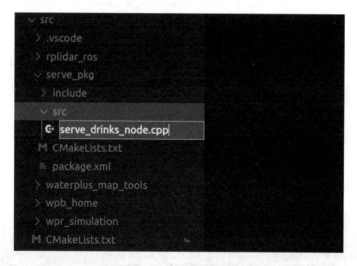

图 9-16　命名代码文件

命名完毕后，在 IDE 的右侧可以开始编写 serve_drinks_node.cpp 代码。其内容如下：

```
#include<ros/ros.h>
#include<std_msgs/String.h>
#include<std_msgs/Float64.h>
#include<geometry_msgs/Twist.h>
#include<geometry_msgs/Pose.h>
#include<wpb_home_behaviors/Coord.h>
#include<sensor_msgs/JointState.h>
```

```
static ros::Publisher behaviors_pub;
static std_msgs::String behavior_msg;
static ros::Publisher waypoint_pub;
static ros::Publisher grab_drink_pub;
static geometry_msgs::Pose grab_drink_msg;
static ros::Publisher mani_ctrl_pub;
static sensor_msgs::JointState mani_ctrl_msg;

#define STEP_READY                  0
#define STEP_GOTO_KITCHEN           1
#define STEP_DRINK_DETECT           2
#define STEP_GRAB_DRINK             3
#define STEP_GOTO_DINNING_ROOM      4
#define STEP_PUT_DOWN               5
#define STEP_BACKWARD               6
#define STEP_DONE                   7
int nStep=STEP_READY;
static int nDeley=0;

void DrinkCoordCB(const wpb_home_behaviors::Coord::ConstPtr&msg)
{
    if(nStep==STEP_DRINK_DETECT)
    {
        //获取饮料检测结果
        int drink_num=msg->name.size();
        ROS_INFO("[DrinkCoordCB]drink_num=%d",drink_num);
        for(int i=0;i<drink_num;i++)
        {
            ROS_INFO("[DrinkCoordCB]%s(%.2f,%.2f,%.2f)",
msg->name[i].c_str(),
msg->x[i],
msg->y[i],
msg->z[i]);
        }
        int grab_drink_index=0;
        grab_drink_msg.position.x=msg->x[grab_drink_index];
        grab_drink_msg.position.y=msg->y[grab_drink_index];
        grab_drink_msg.position.z=msg->z[grab_drink_index];
        grab_drink_pub.publish(grab_drink_msg);
```

```
            std_msgs::String behavior_msg;
            behavior_msg.data="object_detect stop";
            behaviors_pub.publish(behavior_msg);
            nStep=STEP_GRAB_DRINK;
        }
    }

    void NaviResultCB(const std_msgs::String::ConstPtr&msg)
    {
        if(nStep==STEP_GOTO_KITCHEN)
        {
            if(msg->data=="done")
            {
                ROS_INFO("[NaviResultCB]Waypoint kitchen!");
                behavior_msg.data="object_detect start";
                behaviors_pub.publish(behavior_msg);
                nStep=STEP_DRINK_DETECT;
            }
        }

        if(nStep==STEP_GOTO_DINNING_ROOM)
        {
            if(msg->data=="done")
            {
                ROS_INFO("[NaviResultCB]Waypoint dinning room!");
                mani_ctrl_msg.name[0]="gripper";
                mani_ctrl_msg.position[0]=0.15;    //张开手爪
                mani_ctrl_pub.publish(mani_ctrl_msg);
                nDeley=0;
                nStep=STEP_PUT_DOWN;
            }
        }
    }

    void GrabResultCB(const std_msgs::String::ConstPtr&msg)
    {
        if(nStep==STEP_GRAB_DRINK)
        {
            if(msg->data=="done")
```

```
        {
            ROS_INFO("[GrabResultCB]grab_drink done!");
            std_msgs::String waypoint_msg;
            waypoint_msg.data="dinning room";
            waypoint_pub.publish(waypoint_msg);
            nStep=STEP_GOTO_DINNING_ROOM;
        }
    }
}

int main(int argc,char**argv)
{
    ros::init(argc,argv,"serve_drinks");
    ros::NodeHandle n;
    behaviors_pub=n.advertise<std_msgs::String>("/wpb_home/behav-
iors",10);
    ros::Subscriber drink_result_sub=n.subscribe("/wpb_home/ob-
jects_3d",10,DrinkCoordCB);
    waypoint_pub=n.advertise<std_msgs::String>("/waterplus/navi_
waypoint",10);
    ros::Subscriber navi_res_sub=n.subscribe("/waterplus/navi_re-
sult",10,NaviResultCB);
    grab_drink_pub=n.advertise<geometry_msgs::Pose>("/wpb_home/
grab_action",1);
    ros::Subscriber grab_res_sub=n.subscribe("/wpb_home/grab_re-
sult",10,GrabResultCB);
    mani_ctrl_pub=n.advertise<sensor_msgs::JointState>("/wpb_
home/mani_ctrl",10);
    ros::Publisher vel_pub=n.advertise<geometry_msgs::Twist>("/
cmd_vel",10);

    mani_ctrl_msg.name.resize(1);
    mani_ctrl_msg.position.resize(1);
    mani_ctrl_msg.velocity.resize(1);
    mani_ctrl_msg.name[0]="lift";
    mani_ctrl_msg.position[0]=0;
    sleep(1);
    ros::Rate r(10);
    while(ros::ok())
```

```
{
    if(nStep==STEP_READY)
    {
        std_msgs::String waypoint_msg;
        waypoint_msg.data="kitchen";
        waypoint_pub.publish(waypoint_msg);
        nStep=STEP_GOTO_KITCHEN;
    }
    if(nStep==STEP_PUT_DOWN)
    {
        nDeley++;
        if(nDeley>5*10)
        {
            nDeley=0;
            nStep=STEP_BACKWARD;
        }
    }
}
if(nStep==STEP_BACKWARD)
{
    geometry_msgs::Twist vel_cmd;
    vel_cmd.linear.x=-0.1;
    vel_pub.publish(vel_cmd);
    nDeley++;
    if(nDeley>5*10)
    {
        mani_ctrl_msg.name[0]="lift";
        mani_ctrl_msg.position[0]=0;        //收回手臂
        mani_ctrl_pub.publish(mani_ctrl_msg);
        vel_cmd.linear.x=0.0;               //停止移动
        vel_pub.publish(vel_cmd);
        nStep=STEP_DONE;
    }
}
ros::spinOnce();
r.sleep();
}
return 0;
}
```

（1）代码的开始部分包括 7 个头文件。

1）ros. h 是 ROS 的系统头文件。

2）std_msgs/String. h 是字符串类型头文件，程序中输出文字信息需要用到字符串。

3）std_msgs/Float64. h 是浮点类型头文件，程序中设置载物台高度需要用到浮点类型。

4）geometry_msgs/Pose. h 是三维坐标的消息类型头文件。程序中发送的抓取坐标消息包就用到这个消息类型。

5）wpb_home_behaviors/Coord. h 是描述物体名称和三维坐标的消息类型头文件。程序中接收到的物体定位结果就是这个 Coord 类型的消息包。

6）sensor_msgs/JointState. h 是机械臂关节数值的消息包。

（2）在程序中定义 8 个状态值，具体含义（见表9-3）。

表9-3　8个状态值含义

数值	宏定义	代表含义
0	STEP_READY	任务开始前的准备状态
1	STEP_GOTO_KITCHEN	机器人导航去往航点 kitchen
2	STEP_DRINK_DETECT	正在检测桌面上的饮料，等待检测结果返回
3	STEP_GRAB_DRINK	正在抓取面上的饮料，等待抓取结果返回
4	STEP_GOTO_DINNING_ROOM	机器人导航去往航点 dinning room
5	STEP_PUT_DOWN	机器人松开手爪，放置饮料
6	STEP_BACKWARD	机器人后退，离开桌子
7	STEP_DONE	任务完成

8 种状态通过变量 nStep 的变化来切换，初始状态为 STEP_READY。

（3）主函数 main（）中，调用 ros::init（），对这个节点进行初始化。接下来定义一个 ros::NodeHandle 节点句柄 n，使用该句柄 n 发布一个主题 "/wpb_home/behaviors"，用于激活物品检测功能。订阅主题 "/wpb_home/objects_3d" 获取物品的位置信息，回调函数设置为 DrinkCoordCB（）。

（4）继续用句柄发布一个 "/waterplus/navi_waypoint" 主题，用来向 waterplus_map_tools 的节点 wp_navi_server 发送航点名称，启动导航任务。订阅 "/waterplus/navi_result" 主题获取导航任务反馈消息，回调函数设置为 NaviResultCB（）。

（5）通过句柄 n 发布一个主题 "/wpb_home/grab_action"，用于发送抓取物的坐标，启动饮料抓取动作。订阅主题 "/wpb_home/grab_result" 获取抓取动作的进程反馈，回调函数设置为 GrabResultCB（）。

（6）最后发布一个主题 "/wpb_home/mani_ctrl"，用于控制机械臂放置物品。为了最后这个动作，还定义了一个控制机械臂的消息包：mani_ctrl_msg。对定义好的消息包进行初始化，设置好关节名称和初始速度。

（7）所有的准备工作完成后，还需要调用 sleep（1）延时 1s，等待主题的订阅和发布工作完成。

（8）定义一个 ros::Rate 对象 r，用于控制后面 while 的循环频率。定义 r 的时候赋值参数 10，表示 r 将会控制 while 的循环频率为 10Hz。接下来进入 while 循环，开始第一个任务。

（9）第一个任务是在 STEP_READY 状态下发起的，构建一个消息包 waypoint_msg，将要进行抓取的航点名称 kitchen 赋值进去，通过 waypoint_pub 发送给 waterplus_map_tools 的节点 wp_navi_server，执行导航任务。将 nStep 设置为 STEP_GOTO_KITCHEN，之后去往回调函数 NaviResultCB( )等待导航结果。

（10）在回调函数 NaviResultCB( )中，对状态 STEP_GOTO_KITCHEN 进行响应，此时机器人正在导航前往航点 kitchen，当在回调函数接收到"done"消息时，说明导航任务完成，机器人已经到达航点 kitchen，此时该执行抓取任务。使用 behaviors_pub 将发送消息"behaviors_pub"，激活机器人的物品检测功能。然后将 nStep 状态切换到 STEP_DRINK_DETECT，去往回调函数 void DrinkCoordCB( )等待结果。

（11）物品检测激活后，在回调函数 void DrinkCoordCB( )等待结果。DrinkCoordCB( )的参数 msg 包含 4 个数组，其中 name 数组保存的是所有物品的名称，x、y、z 3 个数组保存的是所有物品的三维坐标。物体按照距离机器人的远近进行了排序，比如 name［0］、x［0］、y［0］和 z［0］对应的是距离机器人最近的物体。这里直接将离机器人最近的物体作为抓取目标，将其坐标赋值到 grab_drink_msg 消息包，通过 grab_drink_pub 发送给启智 ROS 的抓取节点，启动抓取行为。同时，状态变量 nStep 切换到 STEP_GRAB_DRINK，去往回调函数 GrabResultCB( )中等待抓取结果。

（12）饮料抓取行为启动后，在回调函数 GrabResultCB( )中等待抓取结果。当接收到消息包里包含"done"字符串时，说明抓取行为已经完成。此时应该前往物品放置的地点。构建一个消息包 waypoint_msg，将航点名称 dinning room 赋值进去，然后通过 waypoint_pub 发布给 waterplus_map_tools 的节点 wp_navi_server，启动新的导航任务，前往航点 dinning room。同时 nStep 跳转到 STEP_GOTO_DINNING_ROOM，再次去往回调函数 NaviResultCB( )等待导航结果。

（13）在回调函数 NaviResultCB( )中，对状态 STEP_GOTO_DINNING_ROOM 进行响应，当接收到"done"消息时，说明机器人已经导航到达航点 dinning room，此时该进行物品的放置操作，将饮料放置在桌子上。首先让机械手爪松开，让饮料自然滑落到桌子上。设置 mani_ctrl_msg 消息包的 name［0］为"gripper"，表示第一个控制量是给手爪的。position［0］赋值 0.15，表示让手爪指间距张开到 0.15m，也就是让两个手指间距松开到 15cm，饮料的半径大概 6cm 左右，手爪松开后饮料就会滑落。通过 mani_ctrl_pub 发送给机器人核心节点，驱动机械臂手爪张开，同时 nStep 跳转到 STEP_PUT_DOWN。

（14）回到 main( )函数，在 STEP_PUT_DOWN 状态下，通过 nDeley 的计数让手爪松开的动作运行 5s，留足时间确保机械手爪松开到位。然后 nStep 状态跳转到 STEP_BACKWARD，机器人后退离开桌子，为收回手臂留出空间。

（15）在状态 STEP_BACKWARD 中，构建一个速度消息包 vel_cmd，vel_cmd.linear.x 设置为-0.1，意思是让机器人以 0.1m/s 的速度往后退。使用 vel_pub 将消息包发送给机器人核心节点，驱动底盘运动。

（16）在状态 STEP_BACKWARD 中同时给 nDeley 计数，延迟 5s，让机器人退后得足够远后，再次对 mani_ctrl_msg 消息包进行赋值，name［0］为"lift"，表示这次控制的是机械臂的升降折叠部分，position［0］设置为 0，意思是让机械臂下降到最低位，折叠收起。通过 mani_ctrl_pub 发送给机器人核心节点，驱动机械臂运动。同时停止底盘移动，nStep 跳转到 STEP_DONE，整个任务完成。

这个例程的代码在 wpb_home_tutorials 里也有，可供参考。源代码文件的位置如下：

```
~/catkin_ws/src/wpb_home/wpb_home_tutorials/src/wpb_home_serve_
drinks.cpp
```

程序编写完后，按下快捷键<Ctrl+S>保存代码文件，然后准备进行编译操作。

编译之前，需要将源代码文件名添加到编译文件里。编译文件在 serve_pkg 的目录下，文件名为 CMakeLists.txt，在 IDE 界面左侧单击该文件，右侧会显示文件内容。在 CMakeLists.txt 文件末尾，为 serve_drinks_node.cpp 添加新的编译规则。内容如下：

```
add_executable(serve_drinks_node src/serve_drinks_node.cpp)
add_dependencies(serve_drinks_node ${${PROJECT_NAME}_EXPORTED_
TARGETS}
  ${catkin_EXPORTED_TARGETS})
target_link_libraries(serve_drinks_node ${catkin_LIBRARIES})
```

修改完需要按下快捷键<Ctrl+S>进行保存。

下面开始进行代码文件的编译操作。启动一个终端程序，输入如下指令进入 ROS 的工作空间，如图 9-17 所示。

```
cd ~/catkin_ws/
```

图 9-17 进入工作空间

然后执行如下指令开始编译，如图 9-18 所示。

```
catkin_make
```

图 9-18 代码文件编译

执行这条指令之后，会出现滚动的编译信息，直到出现 "［100%］Built target serve_

291

drinks_node"信息，说明新的节点已经编译成功，如图 9-19 所示。

图 9-19　编译完成

9.4　完整实例的运行

先启动这个程序的仿真环境，在终端程序输入如下指令，如图 9-20 所示。

```
roslaunch wpr_simulation wpb_scene_1.launch
```

图 9-20　启动程序

按<Enter>键执行之后，会启动 Gazebo 仿真环境，这是一个模拟家庭环境的场景，如图 9-21 所示。

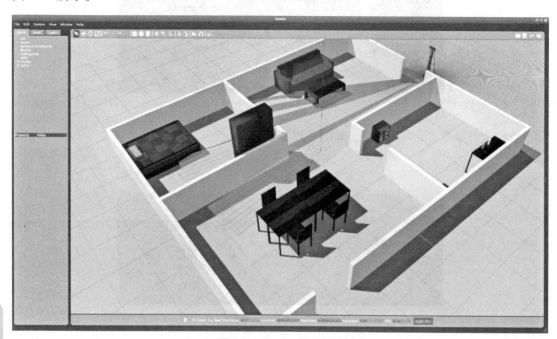

图 9-21　Gazebo 仿真环境

同时还会弹出一个显示 Navigation 信息的 Rviz 界面，如图 9-22 所示。

图 9-22　Rviz 界面

此时，Rviz 界面中机器人的当前位置在地图中央，与仿真环境中的机器人位置不符。单击 Rviz 界面工具栏里的"2D Pose Estimate"按钮，将机器人设置到正确的位置，如图 9-23 所示。

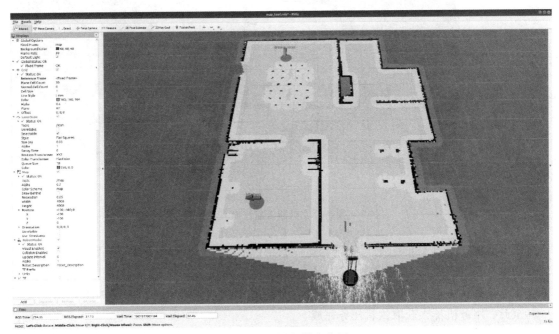

图 9-23　调整机器人位置

调整好机器人的初始位置之后，可以开始运行 serve_drinks_node。打开一个新的终端程序，输入如下指令，如图 9-24 所示。

```
rosrun serve_pkg serve_drinks_node
```

图 9-24　运行指令

按下<Enter>键后，可以看到 Rviz 界面中出现了导航路径，机器人开始前往航点 kitchen，如图 9-25 所示。

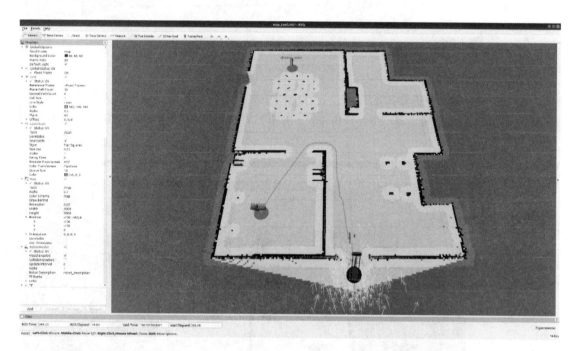

图 9-25　机器人前往航点

机器人到达航点 kitchen 之后，开始抓取载物台上的饮料，如图 9-26 所示。

获取饮料后，机器人导航前往航点 dinning room，如图 9-27 所示。

机器人到达航点 dinning room 后，松开手爪，饮料滑落到桌子上，如图 9-28 所示。

至此，服务机器人获取饮料任务完成。

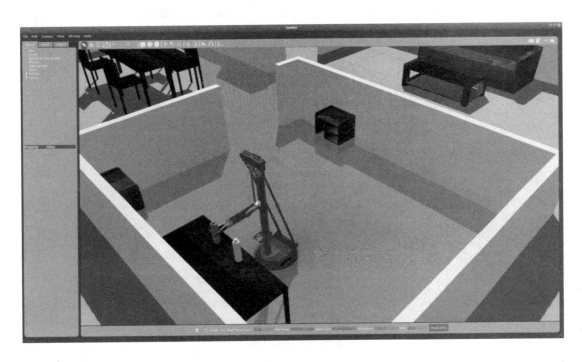

图 9-26　抓取饮料

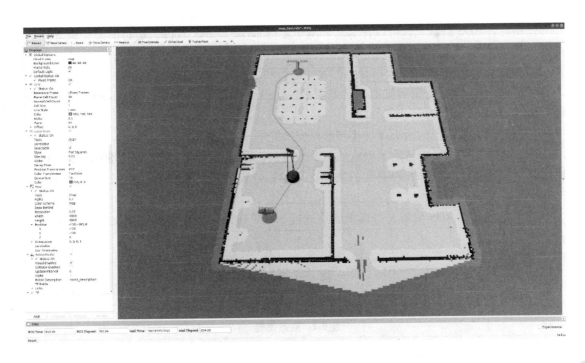

图 9-27　运送饮料

图 9-28　放置饮料

9.5　在真机上运行实例

使用启智 ROS 机器人，可以在真实环境里运行 serve_drinks_node。运行前需要做好如下准备工作：

（1）按照启智 ROS 的实验指导书配置好运行环境和相关的驱动源码包。

（2）将 serve_pkg 复制到机器人计算机的 ~/catkin_ws/src 目录中，运行 catkin_make 编译完成。

（3）确认机器人上的所有硬件连接已经安插完毕。

（4）在真实场景中安排物品取放的两个地点：抓取物品的地点放置一个 80cm 左右高的桌子，桌子上放置一些竖直长筒类的物体，尽量靠近面向机器人一侧的桌子边缘，距边缘 35cm 左右。

（5）使用启智 ROS 机器人对真实场景进行 SLAM 建图，将建好的地图文件复制到如下目录中。

```
~/catkin_ws/src/wpb_home_tutorials/maps/
```

（6）使用 waterplus_map_tools 插件对地图进行航点设置（见表 9-4）。

表 9-4　航点设置

航点名称	位置
kitchen	位于物品抓取的桌子前 1m 左右的位置，面向桌子
dinning room	位于放置物品的桌子前 0.5m 左右的位置，面向桌子

（7）将机器人移动到建图的起始点，打开机器人底盘上的电源开关和红色的动力开关。上述准备工作完成后，可以开始运行本节程序示例。在机器人计算机上运行如下指令：

```
roslaunch wpb_home_tutorials mobile_manipulation.launch
```

（8）在弹出的 Rviz 里为机器人设置好地图初始位置，然后打开一个新的终端程序，运行如下指令：

```
rosrun serve_pkg serve_drinks_node
```

即可看到机器人按照仿真测试里的流程执行任务。

9.6　本章小结

本章综合应用地图创建、航点设置、三维视觉定位、机械臂抓取等知识，实现自动路径规划、机器人从厨房桌子上抓取饮料、自主运动、把饮料放置餐厅桌子上等一系列动作，完整实现服务机器人饮料抓取和放置的仿真任务。

参 考 文 献

［1］张光河. Ubuntu Linux 基础教程［M］. 北京：清华大学出版社，2018.

［2］方元. Linux 操作系统基础［M］. 北京：人民邮电出版社，2019.

［3］郎坦·约瑟夫. 机器人操作系统（ROS）入门必备［M］. 曾庆喜，等译. 北京：机械工业出版社，2020.

［4］胡春旭. ROS 机器人开发实践［M］. 北京：机械工业出版社，2019.

［5］杨辰光，李智军，许杨. 机器人仿真与编程技术［M］. 北京：清华大学出版社，2018.

［6］周兴社. 机器人操作系统 ROS 原理与应用［M］. 北京：机械工业出版社，2017.

［7］怀亚特·纽曼. ROS 机器人编程原理与应用［M］. 李笔锋，祝朝政，刘锦涛，译. 北京：机械工业出版社，2019.

［8］陶满礼. ROS 机器人编程与 SLAM 算法解析指南［M］. 北京：人民邮电出版社，2020.

［9］MORGAN Q，BRIAN G，WILLIAM D S. ROS 机器人编程实践［M］. 张天雷，李博，谢远帆，等译. 北京：机械工业出版社，2018.

［10］郎坦·约瑟夫，乔纳森·卡卡切. 精通 ROS 机器人编程［M］. 张新宇，等译. 北京：机械工业出版社，2019.